国家自然科学基金（42364002，42474035）
河北省水利科研项目（2022–28）
卫星导航系统与装备技术国家重点实验室开放基金（CEPNT2023B02）

卫星导航基准站坐标
时序精密建模与应用

贺小星　周锋　马下平　　　　　王红强　张云涛　刘晖娟 ◎ 著

中南大学出版社
www.csupress.com.cn
·长沙·

图书在版编目(CIP)数据

卫星导航基准站坐标时序精密建模与应用／贺小星等著. --长沙：中南大学出版社，2024.10.

　　ISBN 978-7-5487-6099-3

　　Ⅰ．P228.4

中国国家版本馆 CIP 数据核字第 2024ZE2307 号

卫星导航基准站坐标时序精密建模与应用

贺小星　　周锋　　马下平　　王海城　　丁红强　　张云涛　　刘晖娟　　著

□出 版 人	林绵优	
□责任编辑	刘颖维	
□责任印制	李月腾	
□出版发行	中南大学出版社	
	社址：长沙市麓山南路	邮编：410083
	发行科电话：0731-88876770	传真：0731-88710482
□印　　装	湖南省众鑫印务有限公司	

□开　　本	710 mm×1000 mm 1/16	□印张 10.75	□字数 215 千字		
□版　　次	2024 年 10 月第 1 版	□印次 2024 年 10 月第 1 次印刷			
□书　　号	ISBN 978-7-5487-6099-3				
□定　　价	78.00 元				

前　言

当前，北斗规模应用已进入市场化、产业化、国际化发展的关键阶段。江西省委、省政府高度重视北斗产业，2023 年 4 月 20 日江西省北斗产业联盟正式成立，旨在全力推进北斗产业在江西快速发展。江西省卫星导航定位服务系统（简称 JXCORS）由均匀覆盖全省的 70 余个北斗/GNSS 基准站构成。JXCORS 是江西省区域范围内高精度时空基准的重要基础设施，为区域地理信息框架建设、大地测量基准建立和维持以及区域地壳运动时空变化规律、地震灾害监测等工程与科学问题提供理论基础与数据支撑。如何抓住国家北斗应用示范项目落地的契机，加快北斗/GNSS 高精度综合服务平台建设，提升 JXCORS 服务系统服务效能及其在基础设施安全监测等重大工程中的应用水平，发挥北斗高精度应用示范带动效应是江西省当前面临的重点问题之一。针对以上不足，本书瞄准"高精度地球参考框架建立与维持""重大自然灾害监测预警与防范""地壳运动时空变化规律""卫星导航增强技术服务"等国家重大战略需求、前沿技术领域等工程与科学问题，并紧密结合江西省卫星导航定位产业需求，开展"北斗/GNSS 基准站网精密处理关键技术及其工程应用"科技攻关。本书以北斗/GNSS 卫星导航定位技术为基础，重点研究北斗/GNSS 基准站网数据精密处理理论、方法及其在自然灾害监测等重大工程中的应用。本书所提出的"北斗/GNSS 基准站网精密处理关键技术"丰富和充实了大地测量学与测量工程专业的理论和方法，为大地测量数据分析、地震灾害监测、地球动力学等工程和科学研究提供了理论和技术支持，具有重要的理论意义和工程应用价值。本书内容属于大地测量学与测量工程领域范畴，可作为测绘工程、土木工程、水利工程、地质工程、采矿工程等专业大类或方向的研究人员、高等院校师生和企业工程技术人员的参考书。

在本书的编写过程中，参阅了大量文献，引用了同类书刊中的部分资料，在此，谨向有关作者表示衷心的感谢！由于作者水平有限，书中如有不妥之处，恳请广大读者予以批评指正。

作者

2024 年 8 月

目 录

Contents

第 1 章　绪论　　　　　　　　　　　　　　　　　　　　　　　1

1.1　研究背景、目的与意义　　　　　　　　　　　　　　　1

1.2　研究内容与技术路线　　　　　　　　　　　　　　　　2

　　1.2.1　研究内容　　　　　　　　　　　　　　　　　　2

　　1.2.2　研究方法与技术路线　　　　　　　　　　　　　4

第 2 章　多频多模北斗/GNSS 非差非组合精密定位与应用　　　6

2.1　北斗/GNSS 精密单点定位基本原理　　　　　　　　　6

2.2　GLONASS 伪距频间偏差建模　　　　　　　　　　　10

　　2.2.1　单 GPS 非差非组合 PPP　　　　　　　　　　10

　　2.2.2　单 GLONASS 非差非组合 PPP　　　　　　　10

　　2.2.3　GPS+GLONASS 非差非组合 PPP　　　　　　13

2.3　实验设计和数据处理策略　　　　　　　　　　　　　14

　　2.3.1　实验数据　　　　　　　　　　　　　　　　　14

　　2.3.2　数据处理策略　　　　　　　　　　　　　　　15

2.4　验证分析　　　　　　　　　　　　　　　　　　　　16

　　2.4.1　单 GLONASS PPP　　　　　　　　　　　　　16

2.4.2 GPS+GLONASS PPP 22

2.5 顾及系统间偏差的多系统 GNSS PPP 模型 26

2.5.1 多系统 GNSS PPP 非差非组合模型 26

2.5.2 系统间偏差的随机模型 27

2.5.3 实验数据及处理策略 28

2.5.4 不同分析中心卫星钟差产品的一致性比较 30

2.6 精密单点定位技术在交通运输工程中的应用 32

2.6.1 车载动态单频 PPP 34

2.6.2 车载动态双频 PPP 36

第3章 北斗/GNSS 自主完好性监测理论与方法及其应用 38

3.1 北斗/GNSS 接收机完好性监测体系设计 38

3.1.1 故障因素影响理论分析 39

3.1.2 各种故障因素的监测处理 40

3.1.3 完好性监测处理综合流程 41

3.2 北斗/GNSS 接收机自主完好性监测 42

3.2.1 改进的双星故障条件下 RAIM 可用性方法 43

3.2.2 多星故障的 RAIM 可用分析 54

3.2.3 BDS ARAIM 可用性 IGMAS 评估 62

第4章 北斗/GNSS 基准站坐标时间序列非线性运动精密建模与应用 74

4.1 北斗/GNSS 基准站坐标时间序列非线性运动精密建模方法与应用 74

4.1.1 概述 74

4.1.2 北斗/GNSS 基准站坐标时间序列噪声模型估计方法 75

4.1.3 观测墩类型对噪声模型建立的影响 84

4.1.4 不同时间跨度下噪声模型演化规律分析 87

4.1.5 时间序列跨度对 GNSS 站速度估计的影响 90

4.1.6 噪声模型对 GNSS 站速度估计的影响研究 95

　　　　4.1.7　负载效应及 CME 对噪声模型估计的影响　　　　97

　　4.2　北斗/GNSS 共模误差空间响应机制及分离方法研究　　　98

　　　　4.2.1　共模误差及其分离方法　　　　99

　　　　4.2.2　GNSS 共模误差的空间响应机制分析　　　　99

　　　　4.2.3　广义共模误差分离方法　　　　111

　　　　4.2.4　广义共模误差分离实验分析　　　　117

　　4.3　地表负载效应时空特征分析　　　　124

　　　　4.3.1　环境负载模型　　　　125

　　　　4.3.2　GNSS 站点分布　　　　125

　　　　4.3.3　数据处理及分析　　　　125

　　　　4.3.4　环境负载位移时间序列可靠性分析　　　　129

第 5 章　水库大坝形变智能预测 GWO-VMD-LSTM 模型构建与应用　　　136

　　5.1　基于 GWO-VMD-LSTM 的深度学习智能预测方法　　　　136

　　　　5.1.1　长短期记忆网络模型 LSTM　　　　137

　　　　5.1.2　GWO-VMD 模型　　　　138

　　　　5.1.3　GWO-VMD-LSTM 预测模型　　　　139

　　5.2　北斗/GNSS 时间序列形变智能监测在洋河水库
　　　　大坝工程中的应用　　　　142

　　　　5.2.1　工程概况　　　　142

　　　　5.2.2　大坝动态数据选取　　　　143

　　　　5.2.3　北斗/GNSS 时间序列形变信号重构　　　　143

　　　　5.2.4　GWO-VMD-LSTM 模型预测结果分析　　　　148

参考文献　　　　154

第 1 章

绪 论

1.1 研究背景、目的与意义

习近平总书记指出"时空基准、定位导航"是重要的新型基础设施；必须推动空间科学、空间技术、空间应用的全面发展。随着北斗卫星导航系统的全面建成，由 BDS/GPS/GLONASS/GALILEO 组成的北斗/GNSS 基准站网为大地测量相关研究提供了宝贵的基础数据，为我国建立自主可控、高精度可靠的全球参考框架奠定了基础，并逐步减少了对全球定位系统(global positioning system, GPS)的依赖。为推动北斗产业加快发展，江西省人民政府发布了《关于促进北斗卫星导航应用产业发展的意见》，旨在形成一批关键核心技术和自主创新成果，使北斗产业成为江西省战略性新兴产业发展的新亮点。

基于北斗/GNSS 基准站坐标时间序列，可以确定基准站的速度场及其不确定度，进而可以用于坐标参考框架建立、地壳形变监测、滑坡移动、地面沉降、海平面变化等的研究，为大地测量学及地球动力学研究提供宝贵的基础数据。然而，基准站坐标时间序列"叠加"了各类非线性时变信号，显著降低了其精度与可靠性。如何准确地获取北斗/GNSS 坐标时间序列，并对多星座系统偏差及其非线性时变信号进行精密建模，是当前基于北斗/GNSS 基准站观测数据成果构建全球毫米级参考框架面临的关键技术瓶颈之一。

相比单星座系统，北斗/GNSS 多星座时间序列建模面临新的机遇和挑战，如北斗/GNSS 多星座融合定位下不同时空基准、系统性偏差识别与建模问题，以及 GPS 时间序列数据处理理论是否适用于 BDS/GLONASS 系统；面对海量观测数据，如何引入人工智能算法解决传统解算模型效率低的问题；如何研究以北斗为主的多 GNSS 融合精密定位技术，以摆脱对 GPS 的过度依赖；北斗/GNSS 融合方法虽然可以形成优势互补，但同时也增加了潜在的故障风险，如何在融合导航系统有较高的位置服务精度的同时，保障定位结果的可靠性；用传统地球物理模型法进行地壳形变精细特征提取时参数难获取问题；时间序列预测模型不准确，使得基于 GNSS 的地壳形变灾害监测预警存在局限性；如何引入人工智能算法(机器学习)实现基准站瞬态形变的精确建模等，这些问题都有待深入研究。诸多挑战使得基于北斗/GNSS 坐标时间序列构建高精度地球参考框架、地质灾害监测与预警等成为大地测量领域的技术难题，也是阻碍基准站精密应用的一道技术难关。研究以北斗为主的多频多模 GNSS 融合精密定位算法摆脱对 GPS 的依赖，促进 Multi-GNSS 发展具有重要意义。

1.2 研究内容与技术路线

现阶段，在地质灾害监测、大坝形变监测等领域的应用场景中，以北斗/GNSS 为主的精密数据处理理论存在 GNSS 偏差难以精确量化、分离与估计，且数据处理过度依赖国外软件的问题；精密数据处理理论还无法对基准站网中存在的小故障和多故障进行有效完好性监测，严重影响定位结果的可靠性与稳健性。此外，还存在北斗/GNSS 基准站地球物理效应精密建模困难，时空相关误差难分离，坐标时间序列随机噪声模型难辨识等问题，以及线性非平稳大坝动态形变时间序列预测模型参数确定困难，有用信号难以提取，信号分解不严密，重大工程规模大、施工单位多、建设周期长、测量内容多样性等系列技术难题，这些问题的存在将严重影响其相关理论与方法等在重大工程中的应用前景。

为此，本书以北斗/GNSS 基准站网、大型水库大坝安全监测、南水北调软基沉降监测等重大工程作为依托，重点构建适用于多频多模北斗/GNSS 非差非组合精密单点定位的理论、方法与模型，基于小故障和缓慢变化故障完好性监测方法，基准站网时间序列动态形变智能监测与预测为主题和方向的系列研究工作。本书的研究成果可推广应用于地质灾害监测、水库大坝安全监测、边坡监测和高速铁路、地铁、高速公路等交通工程的变形监测等。

1.2.1 研究内容

①针对 GNSS 偏差难以精确量化、分离与估计等问题，本书构建了适用多频多模北斗/GNSS 非差非组合精密单点定位理论、方法与模型，实现了北斗/

GNSS 精密单点定位中待估参数与 GNSS 偏差的有效分离；构造了具备弹性调整、优化、切换的函数模型与随机模型库，解决了复杂观测环境下精密单点定位高连续、高可靠导航定位瓶颈难题。在此基础上，开发了具备自主知识产权的高精度定位软件 GAMP，实现了北斗/GNSS 精密定位核心技术的自主可控，摆脱了对国外 GNSS 精密数据处理软件的过度依赖，相关方法与理论已成功应用于区域高精度时空基准建设、重大基础设施变形监测等科学研究与重大工程项目。

②针对高精度北斗/GNSS 完好性与接收机自主完好性存在的融合系统中发生多故障的可能性，构建了基于观测误差的二次型矩阵，利用广义最大相对特征值原理，提出构建适用于单、双、多故障的北斗/GNSS 接收机端完好性监测（receiver autonomous integrity monitoring，RAIM）可用性评估的通用模型，以保障受限环境下完好性监测之前对 RAIM 算法性能的评估，减少完好性监测的漏检率、误警率以及完好性风险概率，避免以往对不同类型故障 RAIM 可用性评估需采用不同的数学模型的弊端，提高多故障 RAIM 算法性能。在此基础上，提出了基于小故障和缓慢变化的故障的双状态卡方检验法，实现了复杂环境下（如水库大坝监测、城市道路交通运输场景）北斗/GNSS 定位服务完好性监测，保证了定位结果的可靠性和稳定性。

③针对北斗/GNSS 基准站地球物理效应精密建模困难、时空相关误差难分离、坐标时间序列随机噪声模型难辨识等关键技术问题，论证了 IGS 采用的加权联合解算模型的科学性，构建了基准站时空降噪数学模型；首创了"广义共模误差"分离算法，解决了基准站非线性时变信号难分离问题；构建了严密的基准站噪声模型估计算法，攻克了噪声模型难辨识的技术难题；基于数据驱动数学模型和地球物理模型确定了基准站坐标时间序列最优环境负载修正模型。开发了具有自主知识产权的基准站数据处理软件，填补了国内自主软件空白。

④针对非线性非平稳大坝动态形变时间序列预测模型参数确定困难、有用信号难以提取、信号分解不严密等关键技术问题，提出了灰狼优化变分模态分解长短期记忆神经网络（GWO-VMD-LSTM）的大坝时间序列动态形变预测新模型。该模型通过利用 GWO 优化 VMD 参数，引入了 MPE 作为筛选信号的标准，确定有效模态分量并将重构后的信号作为特征值进行 LSTM 训练；解决了深度学习算法在传统大坝动态形变时间序列智能化建模特征选取不完善、稳定性差等问题，实现了大坝沉降基准站位移时间序列的高精度智能预测，为建立科学的水库大坝预测与预警决策模型提供了切实有效的方法。

1.2.2　研究方法与技术路线

研究方法与技术路线图如图1-1所示。

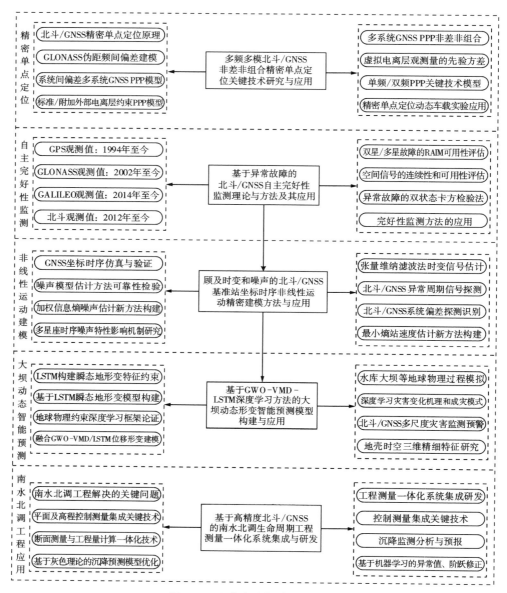

图1-1　研究方法与技术路线图

　　本书建立了多频多模北斗/GNSS 精密单点定位算法与模型，研发了自主可控的软件 GAMP，摆脱了对国外 GNSS 解算软件的过度依赖；实现了复杂环境下的北斗/GNSS 定位服务完好性监测，提高了定位的精度和可靠性；构建了顾及时变和噪声的北斗/GNSS 基准站坐标时间序列非线性运动精密建模方法，提高了北斗/GNSS 基准站坐标和站速度的确定精度；构建了适用于基准站坐标时间序列精密智能预测的 GWO-VMD-LSTM 预测新模型；并将相关理论和方法成功应用于南水北调全生命周期工程测量、大型水库大坝安全监测等重大工程技术领域；并建立了交通运输卫星导航增强服务性能指标体系，填补了交通运输领域导航增强国家标准空白，取得了显著的经济和社会效益。

第 2 章

多频多模北斗/GNSS 非差非组合
精密定位与应用

2.1 北斗/GNSS 精密单点定位基本原理

北斗/GNSS 定位模型的好坏直接决定了精密单点定位（PPP）的性能。函数模型描述了观测量与相应的待估参数之间的函数关系，随机模型则反映了观测值的统计特性。因此构建正确合理的函数模型与随机模型是北斗/GNSS PPP 获得最优解的关键前提。

1. 函数模型

GNSS PPP 解算有伪距和载波相位两种观测量。根据 GNSS 观测量与相应待估参数之间的关系（考虑诸多误差源并模型化），构建 GNSS 基本观测方程。

一般地，非差非组合 GNSS 伪距和载波相位观测方程可表示为：

$$\begin{cases} P_{r,j}^s = \rho_r^s + dt_r - dt^s + T_r^s + \mu_j \cdot I_{r,1}^s + d_{r,j} + d_j^s + \varepsilon_{r,j}^s \\ L_{r,j}^s = \rho_s^s + dt_r - dt^s + T_r^s - \mu_j \cdot I_{r,1}^s + N_{r,j}^s + \varphi_{r,j} + \varphi_j^s + \xi_{r,j}^s \end{cases} \quad (2-1)$$

式中：s、r 和 $j(j=1,2,3)$ 分别为卫星、接收机和载波频率号；$P_{r,j}^s$ 和 $L_{r,j}^s$ 分别为伪距和载波相位观测值；ρ_r^s 为卫星到接收机的几何距离；dt_r 和 dt^s 分别为接收机和卫星钟差；T_r^s 为视线方向对流层斜延迟；$I_{r,1}^s$ 为第一频率上的电离层斜延迟；$\mu_j = f_1^2/f_j^2$，为电离层放大因子，f 为载波频率；$N_{r,j}^s$ 为载波相位整周模糊度；$d_{r,j}$ 和 d_j^s 分别为接收机和卫星伪距硬件偏差；$\varphi_{r,j}$ 和 φ_j^s 分别为接收机和卫星相位硬件偏差；$\varepsilon_{r,j}^s$ 和 $\xi_{r,j}^s$ 分别为与伪距和载波相位观测值对应的观测噪声和多路径效应等非建模综合误差。式(2-1)中各变量的单位均为 m。需要注意的是,式(2-1)中不包括卫星和接收机天线相位中心改正、相对论效应、潮汐负荷形变(固体潮、极潮和海潮)、萨奈克效应(Sagnac effect)、卫星天线相位缠绕(仅对载波观测值)等改正,这些已事先通过模型改正。

对于伪距和相位硬件偏差,通常认为伪距硬件偏差比较稳定,一天内变化较小。而相位硬件偏差具有明显的时变特性,可将相位硬件偏差分解为常数部分和时变部分,即

$$\begin{cases} \varphi_{r,j} = \overline{\varphi}_{r,j} + \delta\varphi_{r,j} \\ \varphi_j^s = \overline{\varphi}_j^s + \delta\varphi_j^s \end{cases} \tag{2-2}$$

式中:$\overline{\varphi}_{r,j}$ 和 $\overline{\varphi}_j^s$ 分别为接收机和卫星相位硬件偏差常数部分;$\delta\varphi_{r,j}$ 和 $\delta\varphi_j^s$ 分别为对应的时变部分。由于常数特性,可以认为 $\overline{\varphi}_{r,j}$ 和 $\overline{\varphi}_j^s$ 完全被模糊度参数吸收,即 $\overline{N}_{r,j}^s = N_{r,j}^s + \overline{\varphi}_{r,j} + \overline{\varphi}_j^s$。

为简便起见,定义以下变量:

$$\begin{cases} \alpha_{ij} = \dfrac{f_i^2}{f_i^2 - f_j^2},\ \beta_{ij} = -\dfrac{f_j^2}{f_i^2 - f_j^2} \\ DCB_{ij}^s = d_i^s - d_j^s,\ DCB_{r,ij} = d_{r,i} - d_{r,j} \\ \delta DPB_{ij}^s = \delta\varphi_i^s - \delta\varphi_j^s,\ \delta DPB_{r,ij} = \delta\varphi_{r,i} - \delta\varphi_{r,j} \\ d_{IFij}^s = \alpha_{ij}\cdot d_i^s + \beta_{ij}\cdot d_j^s,\ d_{r,IFij} = \alpha_{ij}\cdot d_{r,i} + \beta_{ij}\cdot d_{r,j} \\ \delta\varphi_{IFij}^s = \alpha_{ij}\cdot\delta\varphi_i^s + \beta_{ij}\cdot\delta\varphi_j^s,\ \delta\varphi_{r,IFij} = \alpha_{ij}\cdot\delta\varphi_{r,i} + \beta_{ij}\cdot\delta\varphi_{r,j} \end{cases} \tag{2-3}$$

式中:f_i 和 f_j 为不同的载波相位频率($i,j = 1,2,3;i \neq j$);α_{ij} 和 β_{ij} 为无电离层组合系数因子;DCB_{ij}^s 和 $DCB_{r,ij}$ 为卫星和接收机差分码偏差;δDPB_{ij}^s 和 $\delta DPB_{r,ij}$ 为卫星和接收机差分时变相位偏差;d_{IFij}^s 和 $d_{r,IFij}$ 分别为卫星和接收机伪距硬件偏差的无电离层组合;$\delta\varphi_{IFij}^s$ 和 $\delta\varphi_{r,IFij}$ 分别为卫星和接收机时变相位偏差的无电离层组合。

目前 GNSS 精密卫星钟差产品一般是基于 L1/L2 双频(如 GPS L1/L2、BDS B1I/B3I、GLONASS G1/G2 与 Galileo E1/E5a)无电离层组合伪距和载波观测值计算得到。因此,精密卫星钟差包含了双频伪距硬件偏差与相位硬件偏差时变部分的线性组合,即

$$\begin{aligned} dt_{IF12}^s &= dt^s - (\alpha_{12}\cdot d_1^s + \beta_{12}\cdot d_2^s) - (\alpha_{12}\cdot\delta\varphi_1^s + \beta_{12}\cdot\delta\varphi_2^s) \\ &= dt^s - d_{IF12}^s - \delta\varphi_{IF12}^s \end{aligned} \tag{2-4}$$

引入精密卫星轨道和钟差改正,将式(2-4)代入式(2-1)并线性化得:

$$\begin{cases} \tilde{p}_{r,j}^s = \boldsymbol{u}_r^s \cdot \boldsymbol{x} + dt_r + m_r^s \cdot Z_r + \mu_j \cdot I_{r,1}^s + \\ \qquad d_{r,j} + (d_j^s - d_{IF12}^s) - \delta\varphi_{IF12}^s + \varepsilon_{r,j}^s \\ l_{r,j}^s = \boldsymbol{u}_r^s \cdot \boldsymbol{x} + dt_r + m_r^s \cdot Z_r - \mu_j \cdot I_{r,1}^s + \\ \qquad (N_{r,j}^s + \overline{\varphi}_{r,j} + \overline{\varphi}_j^s - d_{IF12}^s) \delta\varphi_{r,j} + (\delta\varphi_j^s - \delta\varphi_{IF12}^s) + \xi_{r,j}^s \end{cases} \qquad (2-5)$$

式中：$\tilde{p}_{r,j}^s$ 和 $l_{r,j}^s$ 分别为伪距和载波相位观测值减去计算值（observed minus computed，OMC）；$\boldsymbol{u}_r^s$ 为接收机与卫星连线的方向余弦；$\boldsymbol{x}$ 为三维坐标改正数；Z_r 为测站天顶对流层湿延迟；m_r^s 为对应的湿投影函数。

式（2-5）中的伪距偏差项 $d_j^s - d_{IF12}^s$ 在不同频率伪距观测值上可以表达为差分码偏差 DCB 形式，PPP 用户可选择改正或不改正此项。若从观测方程中改正此项，则：

$$\begin{cases} p_{r,1}^s = \tilde{p}_{r,1}^s - \beta_{12} \cdot DCB_{12}^s \\ p_{r,2}^s = \tilde{p}_{r,2}^s + \alpha_{12} \cdot DCB_{12}^s \\ p_{r,3}^s = \tilde{p}_{r,3}^s + \alpha_{12} \cdot DCB_{13}^s + \beta_{12} \cdot DCB_{23}^s \end{cases} \qquad (2-6)$$

根据式（2-6），式（2-5）可进一步写为：

$$\begin{cases} \tilde{p}_{r,j}^s = \boldsymbol{u}_r^s \cdot \boldsymbol{x} + d\bar{t}_r + m_r^s \cdot Z_r + \mu_j \cdot \bar{I}_{r,1}^s + \Omega_{r,j} + \delta\bar{b}_{r,j}^s + \varepsilon_{r,j}^s \\ l_{r,j}^s = \boldsymbol{u}_r^s \cdot \boldsymbol{x} + d\bar{t}_r + m_r^s \cdot Z_r - \mu_j \cdot \bar{I}_{r,1}^s + \bar{N}_{r,j}^s + \Theta_{r,j}^s + \xi_{r,j}^s \end{cases} \qquad (2-7)$$

其中，

$$\begin{cases} d\bar{t}_r = dt_r + d_{r,IF12} + \delta\varphi_{r,IF12} \\ \bar{I}_{r,1}^s = I_{r,1}^s + \beta_{12} \cdot DCB_{r,12} - \beta_{12}(\delta DPB_{12}^s + \delta DPB_{r,12}) \\ \bar{N}_{r,j}^s = N_{r,j}^s + \overline{\varphi}_{r,j} + \overline{\varphi}_j^s - d_{IF12}^s - d_{r,IF12} + \mu_j \cdot \beta_{12} \cdot DCB_{r,12} \\ \Omega_{r,j} = \begin{cases} 0 & j=1,2 \\ \beta_{12}/\beta_{13} \cdot DCB_{r,12} - DCB_{r,13} & j=3 \end{cases} \\ \Theta_{r,j}^s = \begin{cases} 0 & j=1,2 \\ (\delta\varphi_j^s - \delta\varphi_{IF12}^s - \mu_j \cdot \beta_{12} \cdot \delta DPB_{12}^s) + \\ (\delta\varphi_{r,j} - \delta\varphi_{r,IF12} - \mu_j \cdot \beta_{12} \cdot \delta DPB_{r,12}) & j=3 \end{cases} \\ \delta\bar{b}_{r,j}^s = \mu_j \cdot \beta_{12}(\delta DPB_{12}^s + \delta DPB_{r,12}) - (\delta\varphi_{IF12}^s + \delta\varphi_{r,IF12}) \end{cases} \qquad (2-8)$$

式中：$d\bar{t}_r$、$\bar{I}_{r,1}^s$ 和 $\bar{N}_{r,j}^s$ 分别为重新参数化后的接收机钟差、电离层延迟和载波相位模糊度参数；$\Omega_{r,j}$ 为非组合观测量中接收机端伪距频间偏差（inter-frequency bias，IFB）；$\Theta_{r,j}^s$ 为非组合观测量中频间钟偏差（inter-frequency clock bias，IFCB）；$\delta\bar{b}_{r,j}^s$ 为未参数化的卫星和接收机相位硬件偏差时变部分的综合，将进入伪距观测值残差,相比伪距观测值噪声,其量级相对较小,一般可忽略其影响。

可以看出,式(2-7)是更为严密的非差非组合函数模型,可作为单、双和三频甚至多频 PPP 模型的基本模型。在当前基于双频无电离层组合观测值的精密卫星钟差估计规则的前提下,单、双频 PPP 无须考虑 $\Omega_{r,j}$ 和 $\Theta^s_{r,j}$,而三频 PPP 需改正 $\Theta^s_{r,j}$,此外还需将 $\Omega_{r,j}$ 参数化。

2. 随机模型

GNSS PPP 随机模型主要有卫星高度角定权法、信噪比定权法和方差分量估计法等,其中应用最广泛的是基于卫星高度角和信噪比(或信号强度)的随机模型。

(1)基于高度角的随机模型

基于卫星高度角的随机模型将观测值噪声 σ 模型化为卫星高度角 E 的函数,即

$$\sigma^2 = f(E) \tag{2-9}$$

国际上知名的 GNSS 数据处理软件 Bernese[式(2-10)]、GAMI[式(2-11)]、PANDA[式(2-12)]和 EPOS[式(2-12)]采用正余弦函数来表达:

$$\sigma^2 = a^2 + b^2 \cos^2 E \tag{2-10}$$

$$\sigma^2 = a^2 + b^2/\sin^2 E \tag{2-11}$$

$$\sigma^2 = \begin{cases} a^2, & E \geqslant \dfrac{\pi}{6} \\ a^2/(4\sin^2 E), & \text{其他} \end{cases} \tag{2-12}$$

式中:E 为卫星高度角,rad;a 和 b 为常数。

(2)基于信噪比的随机模型

Brunner 等基于接收机载波相位观测值的信噪比(sigma-to-noise ratio,SNR)提出了 sigma-δ 随机模型,即

$$\sigma^2 = C_i \cdot 10^{-\frac{S}{10}} = B_i \left(\frac{\lambda_i}{2\pi}\right)^2 \cdot 10^{-\frac{S}{10}} \tag{2-13}$$

式中:B_i 为相位跟踪环带宽,Hz;S 为观测的信噪比;λ_i 为波长。经验地取 $C_1 = 0.00224$ m^2 Hz,$C_2 = 0.00077$ m^2 Hz。柳响林[96]借鉴高度角随机模型中的指数函数法,对 sigma-δ 进行简化:

$$\sigma^2 = \sigma_0^2 (1 + ae^{-S/S_0})^2 \tag{2-14}$$

式中:S_0 为参考信噪比;a 为放大因子;σ_0 为观测值在近天顶方向的标准差。这种简化实现了信噪比随机模型和高度角随机模型在形式上的统一。

9

2.2　GLONASS 伪距频间偏差建模

通过重新参数化，提出 4 种不同的 GLONASS 伪距 IFB 解决方案，分别是忽略 IFB、模型化 IFB 为频率数的线性或二次多项式函数以及每颗卫星估计一个 IFB 参数。

2.2.1　单 GPS 非差非组合 PPP

作为对比，首先我们给出单 GPS 的非差非组合 PPP 模型。综合得：

$$
\begin{cases}
c d\bar{t}_r^G = c d t_r^G + c d_{r,\,IF_{12}}^G \\[2mm]
\bar{I}_{r,\,1}^{s,\,G} = I_{r,\,1}^{s,\,G} + c\beta_{12}^G (DCB_{r,\,P_1P_2}^G - DCB_{P_1P_2}^{s,\,G}) \\[2mm]
\bar{N}_{r,\,1}^{s,\,G} = \lambda_1^G (N_{r,\,1}^{s,\,G} + b_{r,\,1}^G - b_1^{s,\,G}) + c(d_{IF_{12}}^{s,\,G} - d_{r,\,IF_{12}}^G) \\[2mm]
\qquad\quad + \dfrac{c}{1-\gamma_2^G}(DCB_{r,\,P_1P_2}^G - DCB_{P_1P_2}^{s,\,G}) \\[4mm]
\bar{N}_{r,\,2}^{s,\,G} = \lambda_2^G (N_{r,\,2}^{s,\,G} + b_{r,\,2}^G - b_2^{s,\,G}) + c(d_{IF_{12}}^{s,\,G} - d_{r,\,IF_{12}}^G) \\[2mm]
\qquad\quad + \dfrac{c\gamma_2^G}{1-\gamma_2^G}(DCB_{r,\,P_1P_2}^G - DCB_{P_1P_2}^{s,\,G})
\end{cases}
\tag{2-15}
$$

式中：各变量含义与式（2-1）和式（2-2）中相同。单 GPS 模型对应的参数向量 $\boldsymbol{X}$ 可表示为：

$$
\boldsymbol{X} = [\boldsymbol{x},\ c d\bar{t}_r^G,\ ZWD_r,\ \bar{I}_{r,\,1}^G,\ \bar{N}_{r,\,1}^G,\ \bar{N}_{r,\,2}^G]^T
\tag{2-16}
$$

2.2.2　单 GLONASS 非差非组合 PPP

接下来将针对单 GLONASS PPP 定位模型，详细阐述伪距 IFB 的 4 种解决方案。

1. 忽略伪距 IFB

如果忽略 IFB，那么单 GLONASS PPP 模型和单 GPS PPP 模型一致，但是 IFB 不能被接收机钟差和电离层参数完全吸收，与频率相关的部分会反映在伪距残差中。该模型对应的参数向量 $\boldsymbol{X}$ 可表示为：

$$\boldsymbol{X}=\left[\,\boldsymbol{x}\,,\ cd\bar{t}_r^{\mathrm{R}}\,,\ ZWD_r\,,\ \bar{\boldsymbol{I}}_{r,1}^{\mathrm{R}}\,,\ \overline{\boldsymbol{N}}_{r,1}^{\mathrm{R}}\,,\ \overline{\boldsymbol{N}}_{r,2}^{\mathrm{R}}\,\right]^{\mathrm{T}} \tag{2-17}$$

2. 模型化伪距 IFB 为频率数的线性函数

伪距 IFB 可模型化为：

$$c\varTheta_{r,j}^{s,\mathrm{R}}=\kappa^{s,\mathrm{R}}\Delta_{r,j}^{\mathrm{R}} \tag{2-18}$$

式中：$\kappa^{s,\mathrm{R}}$ 为 GLONASS 频率数（$-7\sim6\ \mathrm{kHz}$）；$\Delta_{r,j}^{\mathrm{R}}$ 为 IFB 依赖于频率数的斜率。并重新参数化得：

$$\begin{cases}cd\bar{t}_r^{\mathrm{R}}=cdt_r^{\mathrm{R}}+cd_{r,IF_{12}}^{\mathrm{R}}\\[4pt]\Delta_{r,12}^{\mathrm{R}}=\Delta_{r,2}^{\mathrm{R}}-\gamma_2^{\mathrm{R}}\Delta_{r,1}^{\mathrm{R}}\\[4pt]\bar{I}_{r,1}^{s,\mathrm{R}}=I_{r,1}^{s,\mathrm{R}}+c\beta_{12}^{\mathrm{R}}\left(DCB_{r,P_1P_2}^{\mathrm{R}}-DCB_{P_1P_2}^{s,\mathrm{R}}\right)\\[4pt]\qquad\quad+\kappa^{s,\mathrm{R}}\Delta_{r,1}^{\mathrm{R}}\\[4pt]\overline{N}_{r,1}^{s,\mathrm{R}}=\lambda_1^{s,\mathrm{R}}\left(N_{r,1}^{s,\mathrm{R}}+b_{r,1}^{s,\mathrm{R}}-b_1^{s,\mathrm{R}}\right)+c\left(d_{IF_{12}}^{s,\mathrm{R}}-d_{r,IF_{12}}^{\mathrm{R}}\right)\\[4pt]\qquad\quad+\dfrac{c}{1-\gamma_2^{\mathrm{R}}}\left(DCB_{r,P_1P_2}^{\mathrm{R}}-DCB_{P_1P_2}^{s,\mathrm{R}}\right)+\kappa^{s,\mathrm{R}}\Delta_{r,1}^{\mathrm{R}}\\[4pt]\overline{N}_{r,2}^{s,\mathrm{R}}=\lambda_2^{s,\mathrm{R}}\left(N_{r,2}^{s,\mathrm{R}}+b_{r,2}^{s,\mathrm{R}}-b_2^{s,\mathrm{R}}\right)+c\left(d_{IF_{12}}^{s,\mathrm{R}}-d_{r,IF_{12}}^{\mathrm{R}}\right)\\[4pt]\qquad\quad+\dfrac{c\gamma_2^{\mathrm{R}}}{1-\gamma_2^{\mathrm{R}}}\left(DCB_{r,P_1P_2}^{\mathrm{R}}-DCB_{P_1P_2}^{s,\mathrm{R}}\right)+\gamma_2^{\mathrm{R}}\kappa^{s,\mathrm{R}}\Delta_{r,1}^{\mathrm{R}}\end{cases} \tag{2-19}$$

该模型对应的参数向量 $\boldsymbol{X}$ 可表示为：

$$\boldsymbol{X}=\left[\,\boldsymbol{x}\,,\ cd\bar{t}_r^{\mathrm{R}}\,,\ \Delta_{r,12}^{\mathrm{R}}\,,\ ZWD_r\,,\ \bar{\boldsymbol{I}}_{r,1}^{\mathrm{R}}\,,\ \overline{\boldsymbol{N}}_{r,1}^{\mathrm{R}}\,,\ \overline{\boldsymbol{N}}_{r,2}^{\mathrm{R}}\,\right]^{\mathrm{T}} \tag{2-20}$$

3. 模型化伪距 IFB 为频率数的二次多项式函数

伪距 IFB 可模型化为：

$$c\varTheta_{r,j}^{s,\mathrm{R}}=\kappa^{s,\mathrm{R}}\Delta_{r,j}^{\mathrm{R}}+\left(\kappa^{s,\mathrm{R}}\right)^2\varOmega_{r,j}^{\mathrm{R}} \tag{2-21}$$

式中：$\varOmega_{r,j}^{\mathrm{R}}$ 为 IFB 依赖于频率数的二次项部分。综合式（2-9）~式（2-12）并重新参数化得：

$$
\begin{cases}
cd\bar{t}_r^{\mathrm{R}} = cdt_r^{\mathrm{R}} + cd_{r,\,IF_{12}}^{\mathrm{R}} \\[4pt]
\Delta_{r,\,12}^{\mathrm{R}} = \Delta_{r,\,2}^{\mathrm{R}} - \gamma_2^{\mathrm{R}}\Delta_{r,\,1}^{\mathrm{R}} \\[4pt]
\Omega_{r,\,12}^{\mathrm{R}} = \Omega_{r,\,2}^{\mathrm{R}} - \gamma_2^{\mathrm{R}}\Omega_{r,\,1}^{\mathrm{R}} \\[4pt]
\bar{I}_{r,\,1}^{s,\,\mathrm{R}} = I_{r,\,1}^{s,\,\mathrm{R}} + c\beta_{12}^{\mathrm{R}}(DCB_{r,\,P_1P_2}^{\mathrm{R}} - DCB_{P_1P_2}^{s,\,\mathrm{R}}) \\[4pt]
\qquad + \kappa^{s,\,\mathrm{R}}\Delta_{r,\,1}^{\mathrm{R}} + (\kappa^{s,\,\mathrm{R}})^2\Omega_{r,\,1}^{\mathrm{R}} \\[4pt]
\bar{N}_{r,\,1}^{s,\,\mathrm{R}} = \lambda_1^{s,\,\mathrm{R}}(N_{r,\,1}^{s,\,\mathrm{R}} + b_{r,\,1}^{s,\,\mathrm{R}} - b_1^{s,\,\mathrm{R}}) + c(d_{IF_{12}}^{s,\,\mathrm{R}} - d_{r,\,IF_{12}}^{\mathrm{R}}) \\[4pt]
\qquad + \dfrac{c}{1-\gamma_2^{\mathrm{R}}}(DCB_{r,\,P_1P_2}^{\mathrm{R}} - DCB_{P_1P_2}^{s,\,\mathrm{R}}) + \kappa^{s,\,\mathrm{R}}\Delta_{r,\,1}^{\mathrm{R}} + (\kappa^{s,\,\mathrm{R}})^2\Omega_{r,\,1}^{\mathrm{R}} \\[4pt]
\bar{N}_{r,\,2}^{s,\,\mathrm{R}} = \lambda_2^{s,\,\mathrm{R}}(N_{r,\,2}^{s,\,\mathrm{R}} + b_{r,\,2}^{s,\,\mathrm{R}} - b_2^{s,\,\mathrm{R}}) + c(d_{IF_{12}}^{s,\,\mathrm{R}} - d_{r,\,IF_{12}}^{\mathrm{R}}) \\[4pt]
\qquad + \dfrac{c\gamma_2^{\mathrm{R}}}{1-\gamma_2^{\mathrm{R}}}(DCB_{r,\,P_1P_2}^{\mathrm{R}} - DCB_{P_1P_2}^{s,\,\mathrm{R}}) + \gamma_2^{\mathrm{R}}\kappa^{s,\,\mathrm{R}}\Delta_{r,\,1}^{\mathrm{R}} \\[4pt]
\qquad + \gamma_2^{\mathrm{R}}(\kappa^{s,\,\mathrm{R}})^2\Omega_{r,\,1}^{\mathrm{R}}
\end{cases}
\tag{2-22}
$$

该模型对应的参数向量 X 可表示为：

$$
X = [\,x,\ cd\bar{t}_r^{\mathrm{R}},\ \Delta_{r,\,12}^{\mathrm{R}},\ \Omega_{r,\,12}^{\mathrm{R}},\ ZWD_r,\ \bar{I}_{r,\,1}^{\mathrm{R}},\ \bar{N}_{r,\,1}^{\mathrm{R}},\ \bar{N}_{r,\,2}^{\mathrm{R}}\,]^{\mathrm{T}}
\tag{2-23}
$$

4. 每颗 GLONASS 卫星估计一个伪距 IFB 参数

综合式(2-9)~式(2-12)并重新参数化得：

$$
\begin{cases}
cd\bar{t}_r^{\mathrm{R}} = cdt_r^{\mathrm{R}} + cd_{r,\,IF_{12}}^{\mathrm{R}} \\[4pt]
\Theta_{r,\,12}^{s,\,\mathrm{R}} = \Theta_{r,\,2}^{s,\,\mathrm{R}} - \gamma_2^{\mathrm{R}}\Theta_{r,\,1}^{s,\,\mathrm{R}} \\[4pt]
\bar{I}_{r,\,1}^{s,\,\mathrm{R}} = I_{r,\,1}^{s,\,\mathrm{R}} + c\beta_{12}^{\mathrm{R}}(DCB_{r,\,P_1P_2}^{\mathrm{R}} - DCB_{P_1P_2}^{s,\,\mathrm{R}}) + \Theta_{r,\,1}^{s,\,\mathrm{R}} \\[4pt]
\bar{N}_{r,\,1}^{s,\,\mathrm{R}} = \lambda_1^{s,\,\mathrm{R}}(N_{r,\,1}^{s,\,\mathrm{R}} + b_{r,\,1}^{s,\,\mathrm{R}} - b_1^{s,\,\mathrm{R}}) + c(d_{IF_{12}}^{s,\,\mathrm{R}} - d_{r,\,IF_{12}}^{\mathrm{R}}) \\[4pt]
\qquad + \dfrac{c}{1-\gamma_2^{\mathrm{R}}}(DCB_{r,\,P_1P_2}^{\mathrm{R}} - DCB_{P_1P_2}^{s,\,\mathrm{R}}) + \Theta_{r,\,1}^{s,\,\mathrm{R}} \\[4pt]
\bar{N}_{r,\,2}^{s,\,\mathrm{R}} = \lambda_2^{s,\,\mathrm{R}}(N_{r,\,2}^{s,\,\mathrm{R}} + b_{r,\,2}^{s,\,\mathrm{R}} - b_2^{s,\,\mathrm{R}}) + c(d_{IF_{12}}^{s,\,\mathrm{R}} - d_{r,\,IF_{12}}^{\mathrm{R}}) \\[4pt]
\qquad + \dfrac{c\gamma_2^{\mathrm{R}}}{1-\gamma_2^{\mathrm{R}}}(DCB_{r,\,P_1P_2}^{\mathrm{R}} - DCB_{P_1P_2}^{s,\,\mathrm{R}}) + \gamma_2^{\mathrm{R}}\Theta_{r,\,1}^{s,\,\mathrm{R}}
\end{cases}
\tag{2-24}
$$

该模型对应的参数向量 X 可表示为：

$$
X = [\,x,\ cd\bar{t}_r^{\mathrm{R}},\ \Theta_{r,\,12}^{\mathrm{R}},\ ZWD_r,\ \bar{I}_{r,\,1}^{\mathrm{R}},\ \bar{N}_{r,\,1}^{\mathrm{R}},\ \bar{N}_{r,\,2}^{\mathrm{R}}\,]^{\mathrm{T}}
\tag{2-25}
$$

需要注意的是，方案 1、2 和 3 都是满秩模型。但是，在方案 4 中 $\Theta_{r,12}^{s,\,\mathrm{R}}$ 和 $\overline{I}_{r,1}^{s,\,\mathrm{R}}$ 是线性相关的，因此方案 4 的模型是秩亏的，可以通过加入下述约束方程来消除秩亏：

$$\sum_{k=1}^{n}\Theta_{r,12}^{k,\,\mathrm{R}}=0 \qquad (2\text{-}26)$$

式中：n 为可观测的 GLONASS 卫星数。

2.2.3　GPS+GLONASS 非差非组合 PPP

在 GPS+GLONASS 非差非组合 PPP 处理中，选取与 GPS 信号对应的接收机钟差作为参考，GLONASS 信号对应估计一个系统间偏差（ISB）参数。注意到前 3 种对 GLONASS 伪距 IFB 的处理方案同样适用于 GPS+GLONASS 非差非组合 PPP 模型，但方案 4 中的 ISB 和伪距 IFB 参数高度相关。为了消除两者的相关性，我们将 ISB 和 IFB 参数合并，这样每颗卫星对应一个组合后的 ISFB 参数。基于此，综合式（2-9）~式（2-12）并重新参数化得：

$$
\begin{cases}
c d\overline{t}_{r}^{\mathrm{G}} = cdt_{r}^{\mathrm{G}} + cd_{r,\,IF_{12}}^{\mathrm{G}} \\[4pt]
ISFB_{r,12}^{s,\,\mathrm{R}} = \Theta_{r,2}^{s,\,\mathrm{R}} - \gamma_{2}^{\mathrm{R}}\Theta_{r,1}^{s,\,\mathrm{R}} + cd_{r,\,IF_{12}}^{\mathrm{R}} - cd_{r,\,IF_{12}}^{\mathrm{G}} \\[4pt]
\overline{I}_{r,1}^{s,\,\mathrm{G}} = I_{r,1}^{s,\,\mathrm{G}} + c\beta_{12}^{\mathrm{G}}(DCB_{r,\,P_1P_2}^{\mathrm{G}} - DCB_{P_1P_2}^{s,\,\mathrm{G}}) \\[4pt]
\overline{I}_{r,1}^{s,\,\mathrm{R}} = I_{r,1}^{s,\,\mathrm{R}} + c\beta_{12}^{\mathrm{R}}(DCB_{r,\,P_1P_2}^{\mathrm{R}} - DCB_{P_1P_2}^{s,\,\mathrm{R}}) + \Theta_{r,1}^{s,\,\mathrm{R}} \\[4pt]
\overline{N}_{r,1}^{s,\,\mathrm{G}} = \lambda_{1}^{\mathrm{G}}(N_{r,1}^{s,\,\mathrm{G}} + b_{r,1}^{\mathrm{G}} - b_{1}^{s,\,\mathrm{G}}) + c(d_{IF_{12}}^{s,\,\mathrm{G}} - d_{r,\,IF_{12}}^{\mathrm{G}}) + \\
\qquad \dfrac{c}{1-\gamma_{2}^{\mathrm{G}}}(DCB_{r,\,P_1P_2}^{\mathrm{G}} - DCB_{P_1P_2}^{s,\,\mathrm{G}}) \\[4pt]
\overline{N}_{r,2}^{s,\,\mathrm{G}} = \lambda_{2}^{\mathrm{G}}(N_{r,2}^{s,\,\mathrm{G}} + b_{r,2}^{\mathrm{G}} - b_{2}^{s,\,\mathrm{G}}) + c(d_{IF_{12}}^{s,\,\mathrm{G}} - d_{r,\,IF_{12}}^{\mathrm{G}}) + \\
\qquad \dfrac{c\gamma_{2}^{\mathrm{G}}}{1-\gamma_{2}^{\mathrm{G}}}(DCB_{r,\,P_1P_2}^{\mathrm{G}} - DCB_{P_1P_2}^{s,\,\mathrm{G}}) \\[4pt]
\overline{N}_{r,1}^{s,\,\mathrm{R}} = \lambda_{1}^{s,\,\mathrm{R}}(N_{r,1}^{s,\,\mathrm{R}} + b_{r,1}^{s,\,\mathrm{R}} - b_{1}^{s,\,\mathrm{R}}) + c(d_{IF_{12}}^{s,\,\mathrm{R}} - d_{r,\,IF_{12}}^{\mathrm{R}}) + \\
\qquad \dfrac{c}{1-\gamma_{2}^{\mathrm{R}}}(DCB_{r,\,P_1P_2}^{\mathrm{R}} - DCB_{P_1P_2}^{s,\,\mathrm{R}}) + \Theta_{r,1}^{s,\,\mathrm{R}} \\[4pt]
\overline{N}_{r,2}^{s,\,\mathrm{R}} = \lambda_{2}^{s,\,\mathrm{R}}(N_{r,2}^{s,\,\mathrm{R}} + b_{r,2}^{s,\,\mathrm{R}} - b_{2}^{s,\,\mathrm{R}}) + c(d_{IF_{12}}^{s,\,\mathrm{R}} - d_{r,\,IF_{12}}^{\mathrm{R}}) + \\
\qquad \dfrac{c\gamma_{2}^{\mathrm{R}}}{1-\gamma_{2}^{\mathrm{R}}}(DCB_{r,\,P_1P_2}^{\mathrm{R}} - DCB_{P_1P_2}^{s,\,\mathrm{R}}) + \gamma_{2}^{\mathrm{R}}\Theta_{r,1}^{s,\,\mathrm{R}}
\end{cases}
\qquad (2\text{-}27)
$$

注意到经过参数合并后，该模型为满秩模型。该模型对应的参数向量 $\boldsymbol{X}$ 可表示为：

$$\boldsymbol{X} = \left[\boldsymbol{x}, c d \bar{t}_r^G, \boldsymbol{ISFB}_{r,12}^R, ZWD_r, \bar{\boldsymbol{I}}_{r,1}^G, \bar{\boldsymbol{I}}_{r,1}^R, \bar{\boldsymbol{N}}_{r,1}^G, \bar{\boldsymbol{N}}_{r,2}^G, \bar{\boldsymbol{N}}_{r,1}^R, \bar{\boldsymbol{N}}_{r,2}^R \right]^T$$

$$(2-28)$$

2.3 实验设计和数据处理策略

从 IGS 跟踪网中选取同时含有 GPS 和 GLONASS 观测数据的测站采用 PPP 解算，并详细描述数据处理策略。

2.3.1 实验数据

为了验证不同的 GLONASS 伪距 IFB 的处理方案对 PPP 定位性能的影响，选取了 IGS 跟踪网中 132 个 GNSS 测站的 30 s 采样间隔的观测数据，时间跨度为 1 周（2016 年年积日为 183～189 d）。这些测站全球均匀分布且配备了来自 6 个厂家的不同类型的接收机，如表 2-1 所示。

表 2-1 所选 IGS 测站的 GNSS 接收机详细信息

接收机厂家	接收机类型	测站数/个
JAVAD	TRE_G3TH DELTA	21
	TRE_3 DELTA	2
	TRE_G3TH SIGMA	1
JPS	EGGDT	4
	LEGACY	2
TPS	NETG3	1
	NET-G3A	15
	LEGACY	1
	ODYSSEY_E	2

续表2-1

接收机厂家	接收机类型	测站数/个
LEICA	GR10 GR25 GRX1200GGPRO|GRX1200+GNSS	4 9 12 1
TRIMBLE	NETR5 NETR8 NETR9	4 4 37
SEPTENTRIO	POLARX3ETR POLARX4 POLARX4TR POLARXS	1 7 3 1
总计		132

2.3.2　数据处理策略

本书采用单 GPS、单 GLONASS 和组合 GPS+GLONASS 静态和仿动态 PPP 解算模式。GPS 和 GLONASS 的卫星轨道和钟差改正采用 ESA 提供的最终产品。数据解算中高度截止角设置为 $7°$，对于低于 $30°$ 高度角的观测值采用高度角定权方式。对流层天顶湿延迟以随机游走过程估计，其过程噪声经验地赋值为 10^{-8} m^2/s。电离层斜延迟当作白噪声过程估计。对于每个连续的卫星弧段，浮点相位模糊度作为常数估计。GPS 和 GLONASS 载波相位观测值的初始标准差设为 0.003 m，而伪距和载波相位观测值之间的测量误差率设为 100%。对于组合 GPS+GLONASS PPP，系统间的权重比设为 1:1。在静态 PPP 模式下，位置坐标被视为常数来估计，而在动态 PPP 下，位置坐标被当作白噪声过程估计。

对于 PPP 定位性能的评价，一般是选用 IGS 的周解坐标作为参考值。对于本书中所选站点没有 IGS 周解坐标的，我们采用 PANDA（positioning and navigation data analyst）软件静态天解的周平均值作为参考值。

2.4 验证分析

　　将每个测站的 24 h 观测数据每 3 h 划分成一个时间段，用以评估 PPP 在短时段的定位性能。以 68% 和 95% 的置信水平评估静态和动态 PPP 的水平和垂直方向解的收敛时间和定位精度。当水平和垂直方向定位误差分别小于 0.2 m（95%）和 0.1 m（68%）时，认为收敛。以第一个历元为例，可以获取每个测试样本的水平和垂直方向定位误差，分别对水平和垂直方向定位误差的绝对值按从小到大的顺序排序，取 68% 和 95% 的分位数作为第一个历元定位误差的 68% 和 95% 的置信水平。这种统计方法通常用来评估每个历元定位结果的收敛性能。为了方便起见，将上述 4 种 GLONASS 伪距 IFB 处理方案总结在表 2-2 中，分别标记为 IFB0、IFB1、IFB2 和 IFB3。

表 2-2　GLONASS 伪距 IFB 处理方案

处理方案	方案内容
IFB0	忽略伪距 IFB
IFB1	模型化伪距 IFB 为频率数的线性函数
IFB2	模型化伪距 IFB 为频率数的二次多项式函数
IFB3	每颗 GLONASS 卫星估计一个伪距 IFB 参数

2.4.1　单 GLONASS PPP

　　图 2-1 给出了单 GPS 和单 GLONASS 静态 PPP 在不同 GLONASS 伪距 IFB 解决方案中的水平和垂直方向定位误差。同时，表 2-3 给出了不同处理方案下在 95% 和 68% 置信水平上水平和垂直方向的收敛时间。我们可以看到 IFB0 解在水平和垂直方向收敛（68% 水平）分别需要 26.5 min 和 20.0 min，而在 95% 置信水平上分别需要 36.5 min 和 29.5 min 才能收敛。由于忽略了 GLONASS 伪距 IFB，IFB0 解的收敛特性比 GPS 差。相比 IFB0 解，当在单 GLONASS PPP 处理中考虑了伪距 IFB（如 IFB1、IFB2 和 IFB3 解）的影响后，收敛性能获得不同程度的提升（参见图 2-1 和表 2-3）。同时，从表 2-3 可以看出，IFB2 解的收敛性能要优于 IFB1，而 IFB3 的收敛性能在所有处理方案中为最好。与 IFB0 相比，IFB3 解的收敛时间（95% 置信水平）在水平方向上减少了 32.9%（从 36.5 min

到 24.5 min），在垂直方向上减少了 22.0%（从 29.5 min 到 23.0 min）。在 68% 置信水平上，水平方向收敛时间减少了 41.5%（从 26.5 min 到 15.5 min），而垂直方向上减少了 32.5%（从 20.0 min 到 13.5 min）。另外，我们可以看到静态 PPP 在垂直方向上的收敛时间要少于水平方向。有可能是因为载波相位模糊度参数与东向位置参数相关性更强，因此水平方向的收敛性能被该相关性所削弱，也有可能是在地固坐标系下 GPS 和 GLONASS 卫星的南北运动特征导致。

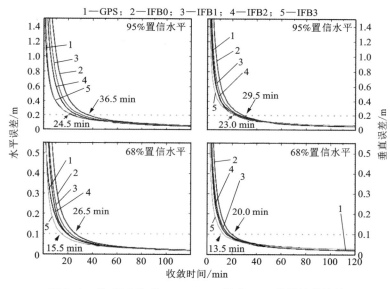

图 2-1 单 GPS 和单 GLONASS 静态 PPP 收敛性能比较

表 2-3 单 GPS 和单 GLONASS 静态和动态 PPP 收敛时间比较　　单位：min

处理方案	静态 PPP				动态 PPP			
	水平		垂向		水平		垂向	
	95%	68%	95%	68%	95%	68%	95%	68%
GPS	23.5	19.5	23.0	17.0	51.0	42.5	50.0	34.0
IFB0	36.5	26.5	29.5	20.0	—	80.5	—	99.5
IFB1	31.5	23.0	27.0	17.5	—	69.0	—	85.0
IFB2	28.5	20.0	25.0	16.0	—	65.0	—	80.0
IFB3	24.5	15.5	23.0	13.5	—	55.0	—	73.0

从图 2-1 和表 2-3 还可以看出在 68% 置信水平上 IFB3 解的收敛时间要小于单 GPS PPP 解的收敛时间，与 Lou 等结论吻合。每 15 min 计算一次该值并取平均值为平均 GDOP 值，其可以表示全球不同地区导航卫星分布的几何强度。可以看出，GPS 的 GDOP 值全球分布较均匀，而 GLONASS 的 GDOP 值则呈现出明显的地域特征。GLONASS 的 GDOP 值在中高纬地区比低纬地区的要小，在某些高纬地区，GLONASS 的 GDOP 值甚至比 GPS 的要小。GDOP 实际上会直接影响 PPP 的定位性能。需要说明的是，本实验有 72 个测站（超过 50%）的纬度大于 45°。

图 2-2 给出了单 GPS 和单 GLONASS 动态 PPP 在不同伪距 IFB 解决方案中的水平和垂直方向的定位误差。同时，表 2-3 给出了其水平和垂直方向上的收敛时间。我们看到在 95% 置信水平上单 GLONASS 动态 PPP 解无法收敛。类似于单 GLONASS 静态 PPP，在 68% 置信水平上，IFB0 解的收敛性最差，而 IFB3 解的收敛性最好。对比 IFB0 解，IFB3 解的收敛时间（68% 置信水平）在水平方向上显著地减少了 31.7%（从 80.5 min 到 55.0 min），在垂直方向上减少了 26.6%（从 99.5 min 到 73.0 min）。不同于静态 PPP，单 GLONASS 动态 PPP 的收敛性能要比单 GPS 的差很多，特别是在垂直方向上。这个结果也是合理的，因为 GLONASS 精密轨道和钟差产品的精度一般比 GPS 的差 2~3 倍。另外，低纬度地区 GLONASS 的 GDOP 值更大（图 2-2），对定位结果的影响也是不利的。

此外，表 2-4 给出了不同处理方案的静态和动态 PPP 的定位精度。对于静态 PPP，每个样本的最后一个历元的结果被用来参与统计。由于单 GLONASS 在 95% 置信水平上未收敛，因此动态 PPP 定位精度是统计相同时段的定位结果，为选用每个样本两小时后的定位结果。从表 2-4 中可以看出，不同策略下的单 GLONASS 静态 PPP 定位精度相当。因此，我们认为考虑 GLONASS 伪距 IFB 对静态定位结果精度的提高很小，提高幅度低于 6%（从 1.7 cm 到 1.6 cm）。这主要是由于载波相位观测值在收敛后的定位中发挥主导作用。对于动态单 GLONASS PPP，可以看出 IFB2 解的定位精度优于 IFB1 解，IFB3 解的最优。相比于 IFB0 解，IFB3 解的水平和垂直方向定位精度（95% 置信水平）分别提高了 55.5%（从 68.7 cm 到 30.6 cm）和 47.5%（从 51.0 cm 到 26.8 cm）。在 68% 置信水平上，其相应的定位精度分别提高了 21.4%（从 5.6 cm 到 4.4 cm）和 15.8%（从 7.6 cm 到 6.4 cm）。类似于收敛性能，单 GLONASS 动态 PPP 的定位精度要明显差于单 GPS 动态 PPP，尤其是在垂直方向上。

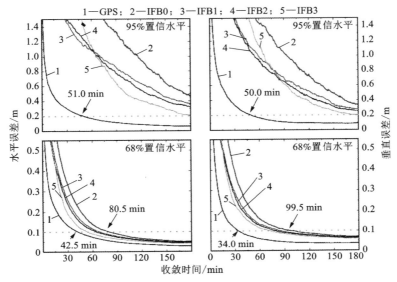

图 2-2　单 GPS 和单 GLONASS 动态 PPP 收敛性能比较

表 2-4　单 GPS 和单 GLONASS 静态和动态 PPP 定位精度比较　　单位：cm

处理方案	静态 PPP				动态 PPP			
	水平		垂向		水平		垂向	
	95%	68%	95%	68%	95%	68%	95%	68%
GPS	3.2	1.5	3.9	1.8	7.3	3.1	9.0	3.7
IFB0	4.0	1.7	5.6	2.5	68.7	5.6	51.0	7.6
IFB1	4.0	1.6	5.6	2.5	48.5	5.1	37.6	7.0
IFB2	3.9	1.6	5.5	2.5	41.9	4.9	33.1	6.8
IFB3	3.9	1.6	5.5	2.5	30.6	4.4	26.8	6.4

　　从上述分析结果来看，IFB2 整体表现优于 IFB1。图 2-3 给出了不同测站在 2016 年第 183 天 IFB2 解对应的 GLONASS 伪距 IFB 的二阶项（测站按字母顺序编号）。其中 59 个测站（占测站总数的 45%）的二阶项 $\Omega_{r,12}^{R}$ 的绝对值大于 0.01 m，这意味着当 GLONASS 卫星的频率数取 -7 kHz 的话，该颗卫星的二阶项改正数为 0.49 m。因此，IFB2 定位性能优于 IFB1 是可期的。

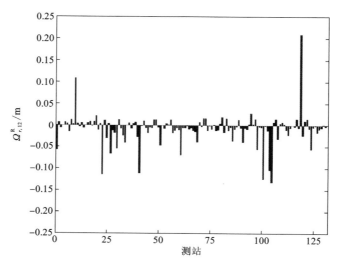

图 2-3 不同测站的 IFB2 解对应的 GLONASS 伪距 IFB 的二阶项

由于观测残差包含测量噪声和其他未模型化的误差,其可作为评估定位模型优劣的重要指标。图 2-4 表示两个选定的 IGS 测站(WROC 和 RIO2)在 2016 年第 183 天的 GPS 和 GLONASS 伪距观测值残差。图 2-4 中不同的颜色表示不同的卫星。与考虑 GLONASS 伪距 IFB 后的伪距观测值残差相比,忽略伪距 IFB 的观测值残差呈现出更大的系统性偏差。同时,在 2-4 图中我们也给出了伪距观测值残差的均方根误差(RMS)。总体来看,统计结果清楚地表示 IFB3 具有更小的 GLONASS 伪距观测值残差,表明 IFB3 模型更合理。

此外,从图 2-4 还可以看出,测站 RIO2 的 GPS 伪距观测值残差的 RMS 明显比 GLONASS 大,可能是因为该天 GPS 观测值的质量比 GLONASS 的要差。为进一步确认,图 2-5 给出测站 RIO2 的 GPS 和 GLONASS 无电离层载波相位和伪距观测值之差。如果在某个弧段没有周跳发生,则无电离层载波相位观测值非常平滑,这是由高精度的原始载波观测值决定的。因此,无电离层载波相位和伪距观测值之间的差异是反映无电离层伪距观测值精度的一个指标。扣除每颗卫星每个连续弧段(不发生周跳)的平均值,GPS 和 GLONASS 无电离层载波相位和伪距观测值之差的精度分别为 9.8 m 和 5.3 m。因此,可确认 RIO2 测站该天前 3 个小时 GPS 伪距观测值的质量比 GLONASS 的要差。

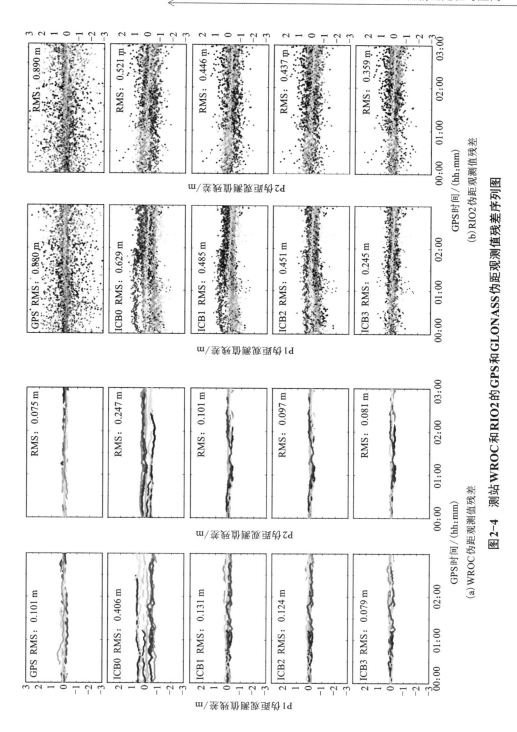

(a) WROC 内距观测值残差

(b) RIO2 内距观测值残差

图 2-4　测站 WROC 和 RIO2 的 GPS 和 GLONASS 伪距观测值残差序列图

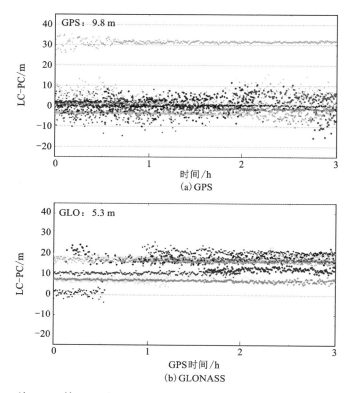

图 2-5 站 **RIO2** 的 **GPS** 和 **GLONASS** 无电离层载波相位和伪距观测值之差

2.4.2 GPS+GLONASS PPP

图 2-6 给出了单 GPS 和 GPS+GLONASS 静态 PPP 在不同 GLONASS 伪距 IFB 解决方案中的水平和垂直方向定位误差。此外，表 2-5 给出了其在 95%和 68%置信水平上水平和垂直方向的收敛时间。可以看出，无论是否考虑 GLONASS 伪距 IFB，GPS+GLONASS PPP 的收敛性能都要优于单 GPS PPP。与单 GLONASS 静态 PPP 类似，考虑了伪距 IFB 的 GPS+GLONASS PPP 的收敛要好于忽略伪距 IFB 的。与单 GLONASS 静态 PPP 的收敛相比，不同的伪距 IFB 处理方案对 GPS+GLONASS PPP 收敛的改善幅度要小一些。相比组合的 IFB0，组合的 IFB3 解在水平和垂直方向上的收敛时间（95%置信水平）分别减少了 28.9%（从 19.0 min 到 13.5 min）和 21.9%（从 16.0 min 到 12.5 min）。在 68% 的置信水平上，相应的水平和垂直方向的收敛时间分别减少了 25.7%（从 17.5 min 到 13.0 min）和 18.5%（从 13.5 min 到 11.0 min）。可以看出水平方向收敛性能的改善幅度比垂直方向的要更明显。

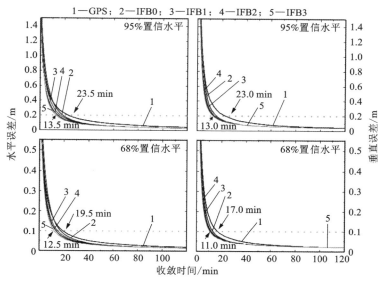

图 2-6　单 GPS 和组合 GPS+GLONASS 静态 PPP 收敛性能比较

表 2-5　单 GPS 和组合 GPS+GLONASS 静态和动态 PPP 收敛时间比较　　单位：min

处理方案	静态 PPP				动态 PPP			
	水平		垂向		水平		垂向	
	95%	68%	95%	68%	95%	68%	95%	68%
GPS	23.5	19.5	23.0	17.0	51.0	42.5	50.0	34.0
IFB0	19.0	17.5	16.0	13.5	27.0	24.0	21.0	18.0
IFB1	17.0	15.5	14.5	12.5	24.5	21.0	18.5	16.0
IFB2	15.0	14.0	14.0	11.5	21.5	17.0	19.5	15.0
IFB3	13.5	12.5	13.0	11.0	19.5	17.5	16.5	14.0

　　图 2-7 给出了单 GPS 和 GPS+GLONASS 动态 PPP 在不同伪距 IFB 解决方案下的水平和垂直方向定位误差图。同时，表 2-5 给出了其在水平和垂直方向上的收敛时间。相比 GPS，通过增加 GLONASS 观测值并考虑 GLONASS 伪距 IFB 后，PPP 定位结果的收敛时间可减少 50% 以上。组合的 IFB0 在 95% 和 68% 置信水平上收敛性能均最差，而组合的 IFB3 表现最好。对比组合系统的

IFB0，组合系统的 IFB3 在水平和垂直方向上的收敛时间（95%水平）分别减少了 27.8%（从 27.0 min 到 19.5 min）和 16.7%（从 21.0 min 到 17.5 min）。在 68%置信水平上，其相应的收敛时间分别显著减少了 31.3%（从 24.0 min 到 16.5 min）和 22.2%（从 18.0 min 到 14.0 min）。

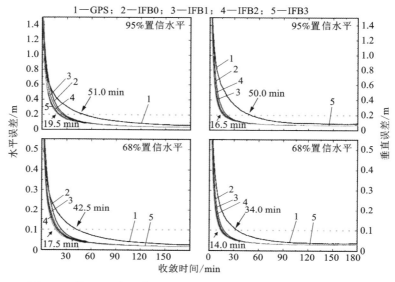

图 2-7　单 GPS 和组合 GPS+GLONASS 动态 PPP 收敛性能比较

表 2-6 总结了不同处理方案的静态和动态 GPS+GLONASS PPP 的定位精度。和单 GLONASS 静态 PPP 类似，考虑伪距 IFB 对组合 GPS+GLONASS 定位精度的提高不大，提高幅度低于 9%（从 1.2 cm 到 1.1 cm）。不同于单 GLONASS 动态 PPP，不同方案的 GPS+GLONASS PPP 定位精度相当。Shi 等指出改正 GLONASS 伪距 IFB 会明显改善 GPS+GLONASS PPP 收敛阶段的定位精度。表 2-7 给出了在收敛阶段的定位精度，可以看出在 IFB0 方案中，PPP 开始后的前 10 min 和 20 min GPS+GLONASS PPP 的定位精度低于单 GPS。而考虑伪距 IFB 后，GPS+GLONASS PPP 定位精度要高于单 GPS。因此，我们可以认为考虑伪距 IFB 与否对 GPS+GLONASS PPP 收敛阶段的定位精度产生影响。同时，注意到组合的 IFB3 要优于 IFB1，但比 IFB2 要差，这可能是由于在 IFB3 中引入了更多的参数，削弱了观测方程的几何强度。

表 2-6　单 GPS 和组合 GPS+GLONASS 静态和动态 PPP 定位精度比较　　单位：cm

处理方案	静态 PPP				动态 PPP			
	水平		垂向		水平		垂向	
	95%	68%	95%	68%	95%	68%	95%	68%
GPS	3.2	1.5	3.9	1.8	7.3	3.1	9.0	3.7
IFB0	2.4	1.2	3.8	1.9	4.1	2.0	6.7	3.0
IFB1	2.4	1.2	3.8	1.9	4.1	2.0	6.7	3.0
IFB2	2.4	1.2	3.8	1.9	4.0	1.9	6.7	3.0
IFB3	2.4	1.1	3.8	1.9	4.0	1.9	6.6	3.0

表 2-7　单 GPS 和组合 GPS+GLONASS 动态 PPP 在收敛阶段的前 10 min 和前 20 min 定位精度比较　　单位：cm

处理方案	收敛阶段							
	前 10 min				前 20 min			
	水平		垂向		水平		垂向	
	95%	68%	95%	68%	95%	68%	95%	68%
GPS	95.4	48.2	148.7	64.9	74.9	37.4	112.9	48.2
IFB0	101.1	51.4	142.9	62.3	76.5	38.5	103.4	45.0
IFB1	87.2	43.3	123.0	54.8	65.9	32.4	89.0	39.5
IFB2	78.5	41.3	116.5	52.8	59.0	30.7	84.1	38.0
IFB3	84.0	42.7	123.1	54.6	62.2	31.3	88.5	39.2

当前研究多利用 GPS + GLONASS 观测数据以后处理的方式估计出 GLONASS 伪距 IFB 并进行特性分析，而用于单站 GLONASS 伪距 IFB 实时估计的方法相对欠缺。本书主要提出了 1 个分别对单 GLONASS 和 GPS+GLONASS 非差非组合 PPP 定位模型中的 GLONASS 伪距 IFB 进行建模的通用的方法（重新参数化过程）和 4 种实时估计伪距 IFB 的方案，4 种方案分别是忽略伪距 IFB、模型化伪距 IFB 为频率数的线性或二次多项式函数和每颗 GLONASS 卫星估计 1 个伪距 IFB 参数。实验结果表明，考虑 GLONASS 伪距 IFB 可使单 GLONASS 和 GPS+GLONASS PPP 解的收敛速度提高 20% 以上，可显著提升单 GLONASS 动态 PPP 的定位精度。总体而言，每颗 GLONASS 卫星估计 1 个伪距 IFB 参数的方案要优于另外 3 种方案，这表明 GLONASS 伪距 IFB 与频率数并非呈严格的线性或二次函数关系。因此，在当前 GLONASS 采用 FDMA 信号体制

的情况下，建议在多系统 GNSS PPP 数据处理中对每颗 GLONASS 卫星估计 1 个伪距 IFB 参数。

2.5 顾及系统间偏差的多系统 GNSS PPP 模型

本节首先给出考虑 *ISB* 参数的五系统 GNSS 非差非组合 PPP 模型，然后详细描述用于模型化 *ISB* 参数的动态随机模型。

2.5.1 多系统 GNSS PPP 非差非组合模型

在五系统 GNSS（GPS+GLONASS+BDS+Galileo+QZSS）环境下，可以得到：

$$\begin{cases} p_{r,j}^{s,\,\mathrm{G}}=\boldsymbol{u}_r^{s,\,\mathrm{G}}\cdot\boldsymbol{x}+cd\bar{t}_r^{\mathrm{G}}+Mw_r^{s,\,\mathrm{G}}\cdot ZWD_r+\gamma_j^{\mathrm{G}}\cdot\bar{I}_{r,1}^{s,\,\mathrm{G}}+\varepsilon_{r,j}^{s,\,\mathrm{G}} \\ p_{r,j}^{s,\,\mathrm{R}}=\boldsymbol{u}_r^{s,\,\mathrm{R}}\cdot\boldsymbol{x}+cd\bar{t}_r^{\mathrm{R}}+c\Theta_{r,j}^{s,\,\mathrm{R}}+Mw_r^{s,\,\mathrm{R}}\cdot ZWD_r+\gamma_j^{\mathrm{R}}\cdot\bar{I}_{r,1}^{s,\,\mathrm{R}}+\varepsilon_{r,j}^{s,\,\mathrm{R}} \\ p_{r,j}^{s,\,\mathrm{C}}=\boldsymbol{u}_r^{s,\,\mathrm{C}}\cdot\boldsymbol{x}+cd\bar{t}_r^{\mathrm{C}}+Mw_r^{s,\,\mathrm{C}}\cdot ZWD_r+\gamma_j^{\mathrm{C}}\cdot\bar{I}_{r,1}^{s,\,\mathrm{C}}+\varepsilon_{r,j}^{s,\,\mathrm{C}} \\ p_{r,j}^{s,\,\mathrm{E}}=\boldsymbol{u}_r^{s,\,\mathrm{E}}\cdot\boldsymbol{x}+cd\bar{t}_r^{\mathrm{E}}+Mw_r^{s,\,\mathrm{E}}\cdot ZWD_r+\gamma_j^{\mathrm{E}}\cdot\bar{I}_{r,1}^{s,\,\mathrm{E}}+\varepsilon_{r,j}^{s,\,\mathrm{E}} \\ p_{r,j}^{s,\,\mathrm{J}}=\boldsymbol{u}_r^{s,\,\mathrm{J}}\cdot\boldsymbol{x}+cd\bar{t}_r^{\mathrm{J}}+Mw_r^{s,\,\mathrm{J}}\cdot ZWD_r+\gamma_j^{\mathrm{J}}\cdot\bar{I}_{r,1}^{s,\,\mathrm{J}}+\varepsilon_{r,j}^{s,\,\mathrm{J}} \end{cases} \quad (2-29)$$

$$\begin{cases} l_{r,j}^{s,\,\mathrm{G}}=\boldsymbol{u}_r^{s,\,\mathrm{G}}\cdot\boldsymbol{x}+cd\bar{t}_r^{\mathrm{G}}+Mw_r^{s,\,\mathrm{G}}\cdot ZWD_r-\gamma_j^{\mathrm{G}}\cdot\bar{I}_{r,1}^{s,\,\mathrm{G}}+\lambda_j^{s,\,\mathrm{G}}\cdot\bar{N}_{r,j}^{s,\,\mathrm{G}}+\xi_{r,j}^{s,\,\mathrm{G}} \\ l_{r,j}^{s,\,\mathrm{R}}=\boldsymbol{u}_r^{s,\,\mathrm{R}}\cdot\boldsymbol{x}+cd\bar{t}_r^{\mathrm{R}}+Mw_r^{s,\,\mathrm{R}}\cdot ZWD_r-\gamma_j^{\mathrm{R}}\cdot\bar{I}_{r,1}^{s,\,\mathrm{R}}+\lambda_j^{s,\,\mathrm{R}}\cdot\bar{N}_{r,j}^{s,\,\mathrm{R}}+\xi_{r,j}^{s,\,\mathrm{R}} \\ l_{r,j}^{s,\,\mathrm{C}}=\boldsymbol{u}_r^{s,\,\mathrm{C}}\cdot\boldsymbol{x}+cd\bar{t}_r^{\mathrm{C}}+Mw_r^{s,\,\mathrm{C}}\cdot ZWD_r-\gamma_j^{\mathrm{C}}\cdot\bar{I}_{r,1}^{s,\,\mathrm{C}}+\lambda_j^{s,\,\mathrm{C}}\cdot\bar{N}_{r,j}^{s,\,\mathrm{C}}+\xi_{r,j}^{s,\,\mathrm{C}} \\ l_{r,j}^{s,\,\mathrm{E}}=\boldsymbol{u}_r^{s,\,\mathrm{E}}\cdot\boldsymbol{x}+cd\bar{t}_r^{\mathrm{E}}+Mw_r^{s,\,\mathrm{E}}\cdot ZWD_r-\gamma_j^{\mathrm{E}}\cdot\bar{I}_{r,1}^{s,\,\mathrm{E}}+\lambda_j^{s,\,\mathrm{E}}\cdot\bar{N}_{r,j}^{s,\,\mathrm{E}}+\xi_{r,j}^{s,\,\mathrm{E}} \\ l_{r,j}^{s,\,\mathrm{J}}=\boldsymbol{u}_r^{s,\,\mathrm{J}}\cdot\boldsymbol{x}+cd\bar{t}_r^{\mathrm{J}}+Mw_r^{s,\,\mathrm{J}}\cdot ZWD_r-\gamma_j^{\mathrm{J}}\cdot\bar{I}_{r,1}^{s,\,\mathrm{J}}+\lambda_j^{s,\,\mathrm{J}}\cdot\bar{N}_{r,j}^{s,\,\mathrm{J}}+\xi_{r,j}^{s,\,\mathrm{J}} \end{cases} \quad (2-30)$$

式中：各变量含义与式相同。这里，引入 *ISB* 参数，并选择 GPS 接收机钟差作为参考，因此，式（2-29）和式（2-30）可写为：

$$\begin{cases} p_{r,j}^{s,\,\mathrm{G}}=\boldsymbol{u}_r^{s,\,\mathrm{G}}\cdot\boldsymbol{x}+cd\bar{t}_r^{\mathrm{G}}+Mw_r^{s,\,\mathrm{G}}\cdot ZWD_r+\gamma_j^{\mathrm{G}}\cdot\bar{I}_{r,1}^{s,\,\mathrm{G}}+\varepsilon_{r,j}^{s,\,\mathrm{G}} \\ p_{r,j}^{s,\,\mathrm{R}}=\boldsymbol{u}_r^{s,\,\mathrm{R}}\cdot\boldsymbol{x}+cd\bar{t}_r^{\mathrm{G}}+cISB_r^{\mathrm{R}}+c\Theta_{r,j}^{s,\,\mathrm{R}}+Mw_r^{s,\,\mathrm{R}}\cdot ZWD_r+\gamma_j^{\mathrm{R}}\cdot\bar{I}_{r,1}^{s,\,\mathrm{R}}+\varepsilon_{r,j}^{s,\,\mathrm{R}} \\ p_{r,j}^{s,\,\mathrm{C}}=\boldsymbol{u}_r^{s,\,\mathrm{C}}\cdot\boldsymbol{x}+cd\bar{t}_r^{\mathrm{G}}+cISB_r^{\mathrm{C}}+Mw_r^{s,\,\mathrm{C}}\cdot ZWD_r+\gamma_j^{\mathrm{C}}\cdot\bar{I}_{r,1}^{s,\,\mathrm{C}}+\varepsilon_{r,j}^{s,\,\mathrm{C}} \\ p_{r,j}^{s,\,\mathrm{E}}=\boldsymbol{u}_r^{s,\,\mathrm{E}}\cdot\boldsymbol{x}+cd\bar{t}_r^{\mathrm{G}}+cISB_r^{\mathrm{E}}+Mw_r^{s,\,\mathrm{E}}\cdot ZWD_r+\gamma_j^{\mathrm{E}}\cdot\bar{I}_{r,1}^{s,\,\mathrm{E}}+\varepsilon_{r,j}^{s,\,\mathrm{E}} \\ p_{r,j}^{s,\,\mathrm{J}}=\boldsymbol{u}_r^{s,\,\mathrm{J}}\cdot\boldsymbol{x}+cd\bar{t}_r^{\mathrm{G}}+cISB_r^{\mathrm{J}}+Mw_r^{s,\,\mathrm{J}}\cdot ZWD_r+\gamma_j^{\mathrm{J}}\cdot\bar{I}_{r,1}^{s,\,\mathrm{J}}+\varepsilon_{r,j}^{s,\,\mathrm{J}} \end{cases} \quad (2-31)$$

$$\begin{cases} l_{r,j}^{s,\,G} = \boldsymbol{u}_r^{s,\,G} \cdot \boldsymbol{x} + cd\bar{t}_r^{G} + Mw_r^{s,\,G} \cdot ZWD_r - \boldsymbol{\gamma}_j^{G} \cdot \bar{I}_{r,\,1}^{\,G} + \lambda_j^{s,\,G} \cdot \bar{N}_{r,\,j}^{s,\,G} + \boldsymbol{\xi}_{r,\,j}^{s,\,G} \\ l_{r,j}^{s,\,R} = \boldsymbol{u}_r^{s,\,R} \cdot \boldsymbol{x} + cd\bar{t}_r^{G} + cISB_r^{R} + Mw_r^{s,\,R} \cdot ZWD_r - \boldsymbol{\gamma}_j^{R} \cdot \bar{I}_{r,\,1}^{\,R} + \lambda_j^{s,\,R} \cdot \bar{N}_{r,\,j}^{s,\,R} + \boldsymbol{\xi}_{r,\,j}^{s,\,R} \\ l_{r,j}^{s,\,C} = \boldsymbol{u}_r^{s,\,C} \cdot \boldsymbol{x} + cd\bar{t}_r^{G} + cISB_r^{C} + Mw_r^{s,\,C} \cdot ZWD_r - \boldsymbol{\gamma}_j^{C} \cdot \bar{I}_{r,\,1}^{\,C} + \lambda_j^{s,\,C} \cdot \bar{N}_{r,\,j}^{s,\,C} + \boldsymbol{\xi}_{r,\,j}^{s,\,C} \\ l_{r,j}^{s,\,E} = \boldsymbol{u}_r^{s,\,E} \cdot \boldsymbol{x} + cd\bar{t}_r^{G} + cISB_r^{E} + Mw_r^{s,\,E} \cdot ZWD_r - \boldsymbol{\gamma}_j^{E} \cdot \bar{I}_{r,\,1}^{\,E} + \lambda_j^{s,\,E} \cdot \bar{N}_{r,\,j}^{s,\,E} + \boldsymbol{\xi}_{r,\,j}^{s,\,E} \\ l_{r,j}^{s,\,J} = \boldsymbol{u}_r^{s,\,J} \cdot \boldsymbol{x} + cd\bar{t}_r^{G} + cISB_r^{J} + Mw_r^{s,\,J} \cdot ZWD_r - \boldsymbol{\gamma}_j^{J} \cdot \bar{I}_{r,\,1}^{\,J} + \lambda_j^{s,\,J} \cdot \bar{N}_{r,\,j}^{s,\,J} + \boldsymbol{\xi}_{r,\,j}^{s,\,J} \end{cases}$$

$$(2-32)$$

其中，

$$ISB_r^{Q} = (d_{r,\,IF_{12}}^{Q} - d_{r,\,IF_{12}}^{G}) + (dD^{Q} - dD^{G})\,(Q \neq G) \qquad (2-33)$$

式中：ISB_r^{Q} 为 Q 系统的 ISB 参数。可以看出，ISB 不仅源于不同 GNSS 系统对应的接收机硬件延迟差异（$d_{r,\,IF_{12}}^{Q} - d_{r,\,IF_{12}}^{G}$，与接收机有关），而且还源于不同 GNSS 钟差产品相应的不同钟差基准约束引入的时间差异（$dD^{Q} - dD^{G}$ 与接收机无关）。该模型的待估参数向量 $\boldsymbol{X}$ 为：

$$\boldsymbol{X} = [\,\boldsymbol{x},\ cd\bar{t}_r^{G},\ cISB_r^{Q},\ ZWD_r,\ \bar{I}_{r,\,1}^{\,G},\ \bar{I}_{r,\,1}^{\,Q},\ \bar{N}_{r,\,j}^{G},\ \bar{N}_{r,\,j}^{Q}\,]^{\mathrm{T}} \qquad (2-34)$$

此外，对 GLONASS 伪距硬件延迟 $c\varTheta_{r,\,j}^{s,\,R}$ 的处理采用第三章提出的每颗卫星估计一个 IFB 的处理策略。

2.5.2　系统间偏差的随机模型

模型化 ISB 参数的 3 个动态模型为时间常数、随机游走过程和白噪声过程。

1. 常数估计

ISB 参数可作为时间常数来估计：

$$ISB_{r,\,0}^{Q}(k) = ISB_r^{Q}(k-1) \qquad (2-35)$$

$$\sigma_{ISB_{r,\,0}^{Q}(k)}^{2} = \sigma_{ISB_r^{Q}(k-1)}^{2} \qquad (2-36)$$

式中：k 为历元号；$ISB_{r,\,0}^{Q}(k)$ 为第 k 历元 ISB 的初值；$ISB_r^{Q}(k-1)$ 为第 $k-1$ 历元 ISB 估计值；$\sigma_{ISB_{r,\,0}^{Q}(k)}^{2}$ 为第 k 历元 ISB 参数的先验方差；$\sigma_{ISB_r^{Q}(k-1)}^{2}$ 为第 $k-1$ 历元 ISB 参数更新后的方差。

2. 随机游走过程

ISB 参数可看作随机游走过程来估计：

$$ISB_{r,0}^{Q}(k) = ISB_{r}^{Q}(k-1) + \omega_{ISB_{r,0}^{Q}(k)}, \quad \omega_{ISB_{r,0}^{Q}(k)} \sim N(0, \sigma_{\omega_{ISB_{r,0}^{Q}(k)}}^{2}) \quad (2-37)$$

$$\sigma_{ISB_{r,0}^{Q}(k)}^{2} = \sigma_{ISB_{r}^{Q}(k-1)}^{2} + \sigma_{\omega_{ISB_{r,0}^{Q}(k)}}^{2} \quad (2-38)$$

式中：ISB 参数的变化部分 $\omega_{ISB_{r,0}^{Q}(k)}$ 对应的方差为 $\sigma_{\omega_{ISB_{r,0}^{Q}(k)}}^{2}$。

3. 白噪声过程

ISB 参数可看作白噪声过程来估计：

$$ISB_{r,0}^{Q}(k) \sim N(ISB_{r,spp}^{Q}(k), \sigma_{ISB_{r,pri}(k)}^{2}) \quad (2-39)$$

式中：$ISB_{r,spp}^{Q}(k)$ 为伪距单点定位（SPP）计算的 ISB 值；$\sigma_{ISB_{r,pri}(k)}^{2}$ 为 ISB 参数的先验方差。

2.5.3　实验数据及处理策略

本节首先描述所选的全球分布的 MGEX 跟踪站的观测数据及测站的分布情况，接着详细阐述数据处理策略。

1. 实验数据

为了研究 ISB 随机模型对 PPP 性能的影响，从 MGEX 全球跟踪站网中选取 160 个测站 2017 年 9 月份（年积日为 244～273 d）的 30 s 采样间隔观测数据。所选测站全球均匀分布，并配备了 5 家制造商的接收机，如表 2-8 所示。值得注意的是，只有 1 个测站配备了 TPS NETG3 接收机，而 70 多个测站均配备了 TRIMBLE NETR9 接收机。目前，由于轨道特性，BDS 和 QZSS 卫星大都分布于亚太区域上空。因此，所选测站中，有 158 个测站可用于 GPS＋GLONASS、156 个可用于 GPS＋Galileo、116 个可用于 GPS＋BDS 以及 70 个可用于 GPS＋QZSS 定位分析。

表 2-8　所选 MGEX 测站的 GNSS 接收机详细信息

接收机厂家	接收机类型	测站数/个
JAVAD	TR_G3TH	1
	TRE_G2T DELTA	2
	TRE_G3TH DELTA	27
	TRE_3 DELTA	1
TPS	NETG3	1

续表2-8

接收机厂家	接收机类型	测站数/个
LEICA	GR10	6
	GR25	14
	GR30	3
	GR50	3
	GRX1200+GNSS	1
TRIMBLE	NETR9	71
SEPTENTRIO	POLARX4	11
	POLARX4TR	13
	POLARX5	5
	POLARXS	1
总计	—	160

2. 数据处理策略

实验采用了 4 家 MGEX 分析中心(CODE、GFZ、CNES 和 WHU)提供的精密轨道和钟差产品。卫星和接收机天线相位中心改正(PCO/PCV)采用 IGS 绝对天线相位中心改正模型 igs14. atx。为了保持与 GFZ 和 WHU 产品的一致性,分别采用了欧洲空间局(ESA)和武汉大学估计的 BDS 卫星 PCO/PCV 改正值。由于 BDS、Galileo 和 QZSS 信号对应的接收机端 PCO/PCV 改正值不可用,因此用相应的 GPS 信号对应的接收机端 PCO/PCV 改正值替代,这与各分析中心定轨、估钟的策略是一致的[7]。将卫星高度截止角设置为 7°,对于高度角低于 30° 的观测值,采用高度角加权的定权策略。将 GPS、GLONASS、BDS、Galileo 和 QZSS 的载波相位观测值的初始标准差均设置为 0.003 m,同时除了 BDS 的伪距和载波观测值的测量误差比设置为 500 外,其他系统均设为 100。另外,BDS 倾斜地球同步轨道(IGSO)和中地球轨道(MEO)卫星端多路径参考 Wanninger 和 Beer 改正。对于组合 PPP,各卫星系统之间的权比是 1∶1,但由于地球静止同步轨道(GEO)卫星的轨道和钟差产品精度较低,因此 BDS GEO 卫星与其他 BDS 卫星的观测值权比设为 1∶10。

采用自主研制的开源 GAMP(GNSS analysis software for multi-constellation and multi-frequency precise positioning)软件进行 PPP 处理,该软件是基于 RTKLIB 软件的二次开发(更多的扩展和改进),批处理功能强大,可操作性强。

3. 结果分析

通过前面的理论分析,可以看出,*ISB* 源于不同 GNSS 信号对应的接收机硬

29

件延迟差异和外部卫星钟差产品的估计策略。本节首先比较不同分析中心卫星钟差产品的一致性，随后对所选测站观测数据进行动态 PPP 处理，以验证 ISB 随机模型对 PPP 性能的影响。

2.5.4　不同分析中心卫星钟差产品的一致性比较

对比不同分析中心卫星钟差产品，以评估不同钟差产品之间的一致性和吻合度。首先选择各自系统内一颗参考卫星与其他卫星进行单差，以消除钟差产品的基准不一致。然后，再将每个系统卫星钟差的单差与其他系统对应卫星钟差的单差做二次差。钟差差异的标准差(standard deviation，STD)和 RMS 指标分别被用来表征钟差产品的精确度和准确度。若在比较过程中发现钟差差异异常地大，则认为是异常值，需要剔除。可采用差异是否大于整个序列的中位数的 3 倍作为标准来判定其是否异常。

需要指出的是，截至 2017 年 9 月，CODE、GFZ 和 WHU 仅提供一颗 QZSS 卫星(QZS-1)的精密轨道和钟差产品，由于卫星钟差对比需要做卫星间差分，因此 QZSS 卫星钟差比较并未列出。CODE 最终产品中没有提供 BDS GEO 卫星的产品，因此只给出 CODE 的 BDS IGSO 和 MEO 卫星钟差的对比结果。不同分析中心的 GPS、GLONASS、BDS 和 Galileo 卫星钟差差异的统计结果(平均 STD 和 RMS 值)见表 2-9～表 2-13。从表中可以看出，不同分析中心的 GPS、GLONASS、BDS、Galileo 的各个系统的钟差差异 STD 一致性较好，而 RMS 则表现出明显的多样性。特别是从 GLONASS 和 BDS 钟差的比较来看，GFZ 钟差产品与其他分析中心在 RMS 上表现出明显不一致，而 GPS 和 Galileo 的钟差比较表明不同分析中心之间的 RMS 的不一致性并不明显，这应该是不同分析中心采用不同的卫星钟差估计策略导致的。

表 2-9　不同分析中心 GPS 钟差差异的平均 STD 和 RMS　　单位：ns

分析中心	STD				RMS			
	CODE	GFZ	CNES	WHU	CODE	GFZ	CNES	WHU
CODE	—	0.09	0.06	0.09	—	0.23	0.19	0.19
GFZ		—	0.11	0.05		—	0.31	0.19
CNES			—	0.11			—	0.25
WHU				—				—

表 2-10　不同分析中心 GLONASS 钟差差异的平均 STD 和 RMS　　　单位: ns

分析中心	STD				RMS			
	CODE	GFZ	CNES	WHU	CODE	GFZ	CNES	WHU
CODE	—	0.19	0.16	0.19	—	2.12	2.07	0.40
GFZ		—	0.15	0.09		—	2.88	2.18
CNES			—	0.14			—	1.92
WHU				—				—

表 2-11　不同分析中心 BDS 钟差差异的平均 STD　　　单位: ns

分析中心	CODE			GFZ			WHU		
	GEO	IGSO	MEO	GEO	IGSO	MEO	GEO	IGSO	MEO
CODE	—	—	—	N/A	0.18	0.14	N/A	0.18	0.16
GFZ				—	—	—	1.31	0.16	0.12
WHU							—	—	—

表 2-12　不同分析中心 BDS 钟差差异的平均 RMS　　　单位: ns

分析中心	CODE			GFZ			WHU		
	GEO	IGSO	MEO	GEO	IGSO	MEO	GEO	IGSO	MEO
CODE	—	—	—	N/A	5.78	1.28	N/A	3.02	0.95
GFZ				—	—	—	1.57	2.40	0.59
WHU							—	—	—

表 2-13　不同分析中心 Galileo 钟差差异的平均 STD 和 RMS　　　单位: ns

分析中心	STD				RMS			
	CODE	GFZ	CNES	WHU	CODE	GFZ	CNES	WHU
CODE	—	0.09	0.14	0.10	—	0.65	0.85	0.52
GFZ		—	0.14	0.07		—	0.27	0.16
CNES			—	0.15			—	0.35
WHU				—				—

2.6 精密单点定位技术在交通运输工程中的应用

　　交通运输作为卫星导航民用领域的主要行业，通过在公路运输、水路运输及交通基础设施的建设与维护等领域积极推广应用北斗卫星导航，配合通信、地理信息系统等各种先进技术手段，不仅可以系统地提高我国公路水路交通的通行能力，充分利用现有交通资源，实现交通资源效益最大化，同时对保障生命安全、促进交通战备等具有积极作用。

　　北斗系统在汽车前装市场、智能手机、高精度应用等五大方面实现了产业化突破和跨越式发展。北斗地基增强系统在全国建立了超过 1800 个的地基增强站。在天上北斗卫星和地上"一张网"的支持下，可精准至动态"厘米级"和后处理"毫米级"的北斗高精度定位服务有望"赋能"各行各业转型升级。随着北斗增强系统的进一步完善与发展，中国北斗已具备在全国范围内提供高精度定位基本服务能力，这也意味着我国卫星导航服务步入高精度位置服务的新阶段。目前，北斗地基增强系统已完成基本系统研制建设，具备为用户提供广域实时米级、分米级、厘米级和后处理毫米级定位精度的定位服务能力。交通运输行业是卫星导航民用示范行业。此外，精密单点定位是交通运输行业基础设施监测、运输过程监管、运载工具智能化的重要技术手段，可提升和发挥高精度定位、导航等服务对于交通运输行业包括车联网、自动驾驶等的基础支撑作用。基于此，以车载为例，对多频多模北斗/GNSS 非差非组合精密单点定位关键技术进行动态车载实验测试。

　　以某车载动态数据为例，数据采集自 2018 年第 23 天（1 月 23 日）华东师范大学闵行校区及周边。数据采样间隔为 1 s，数据跨度近 2 h（UTC 5:54—7:43）。基准站、车载动态实验装置及载体运行轨迹如图 2-8、图 2-9 所示，其中基准站（base）、流动站（rover）和载体运动起点（start）、终点（end）标于图中。采用单、双频动态 PPP 解算，并与商用软件 GrafNav 的双差固定解进行比较。图 2-10 给出了流动站的可视卫星数和位置精度因子（position dilution of precision，PDOP）值，在 UTC 5:54—6:40 期间，车辆停靠于学院楼前［图 2-8(b) 中的 building］，由于学院楼的遮挡，可视卫星数偏少，对于 GPS 来说，平均卫星数为 5 颗，相应的 PDOP 大于 4.0。还可以看到，在车辆运行期间，可视卫星数变化剧烈。

(a) 基准站

(b) 车载动态实验装置

图 2-8 基准站和车载动态实验装置示意图

图 2-9 载体运行轨迹示意图

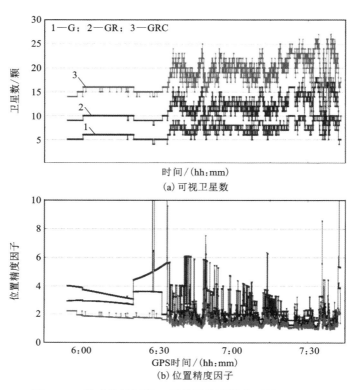

图 2-10　流动站的可视卫星数及位置精度因子(PDOP)

2.6.1　车载动态单频 PPP

首先，我们给出车载动态单频 PPP 的定位误差(图 2-11) ，图 2-11(a) 为单频标准 PPP 结果，图 2-11(b) 为附加外部电离层约束的 PPP 结果，可以看出，加入其他系统观测值相对单 GPS PPP 来说，东向精度反而降低，而北向和垂向都有不同程度的提高。对比发现，加入外部电离层约束可以显著加快单频动态 PPP 的收敛速度和提高定位精度。对于 GPS，加入外部电离层约束可以将 RMS 由 124.9、304.3、266.4 cm 分别减少至 28.3、79.3、141.5 cm，降副分别为 77.3%、73.9%和 46.9%。对于 GPS+GLONASS+BDS，加入外部电离层约束可以将 RMS 由 126.6、57.7、225.7 cm 分别减少至 35.7、26.8、100.9 cm，降副分别为 71.8%、53.6%和 55.3%。

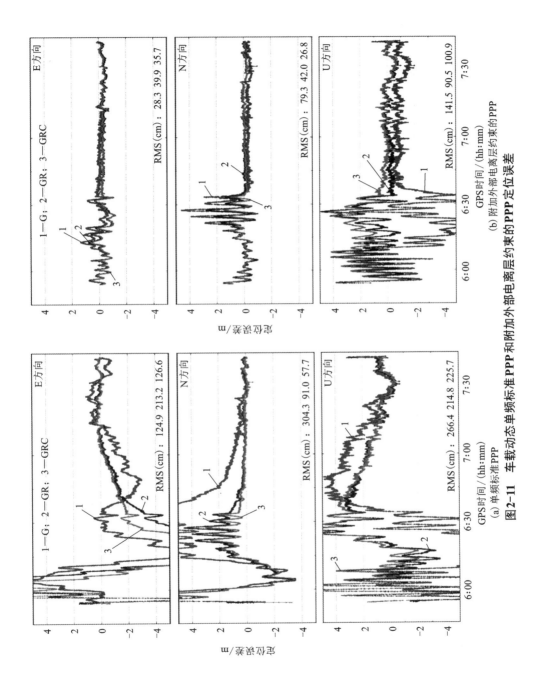

图2-11　车载动态单频标准PPP和附加外部电离层约束的PPP定位误差

2.6.2 车载动态双频 PPP

图 2-12 给出了车载动态双频 PPP 的定位误差,图 2-12(a)为双频标准 PPP 结果,图 2-12(b)为附加外部电离层约束的 PPP 结果。可以看出,加入其他系统观测值相对单 GPS PPP 来说,3 个方向的定位精度提高明显。相对单 GPS PPP,加入 GLONASS 和 BDS 观测值可以将 RMS 从(28.6、49.1、101.0)cm 减小至(3.0、5.3、14.2)cm,提高程度分别为 89.5%、89.2% 和 85.9%。由于单 GPS PPP 定位精度相对较差(GPS 可视卫星数较少,见图 2-10),加入外部电离层约束可显著提高 3 个方向的定位精度,而对 GPS+GLONASS 和 GPS+GLONASS+BDS,加入外部电离层约束反而比不加约束的定位精度有不同程度的降低。

本书从非差非组合 PPP 模型出发,推导了单、双频标准 PPP 模型和附加外部电离层约束的 PPP 模型,总结了 3 种常用的约束虚拟电离层观测量的策略,即常数约束、时空约束和逐步松弛约束。首先,选取该 3 种策略确定合理的虚拟电离层观测量的先验方差,实验结果表明,附加电离层约束的 PPP 收敛性能明显优于标准 PPP,但由于受制于 GIM 产品的精度(精度仅为 2~8 TECU,相当于对应 GPS L1 频率上 0.32~1.28 m 的测距误差),选用常数约束和时空约束的 PPP 收敛后的定位精度远低于标准 PPP,而逐步松弛约束的 PPP 定位精度与标准 PPP 相当。然后,选用德国 SAPOS 跟踪网的 237 个测站 1 个月的观测数据对多系统 GNSS 单、双频标准 PPP 和逐步松弛约束的附加外部电离层约束的 PPP 定位结果的收敛性能进行评估。结果表明附加外部电离层(如 GIM)约束对双频 PPP 的影响不大,而对单频 GPS 和 GPS+GLONASS PPP 的收敛性能有显著提升,提升幅度达 40% 以上。此外,车载动态实验也表明,加入外部电离层约束可显著加快单频 PPP 的收敛速度并提高其定位精度,对双频 PPP 定位性能提升有限。

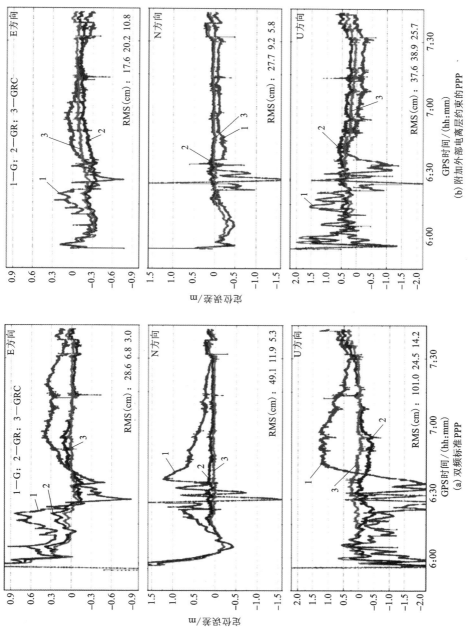

图 2-12　车载动态双频标准 PPP 和附加外部电离层约束的 PPP 定位误差

第 3 章

北斗/GNSS 自主完好性监测理论与方法及其应用

完好性是指在 GNSS 系统覆盖范围内的任意位置，用户定位误差超过告警限值，系统却没有在告警时间内向用户发出告警信息的概率。提高 GNSS 完好性的方法分为两类：一类是内部方法；另一类是外部方法。内部方法是用飞机内部传感器信息来实现完好性监测，例如用 GNSS 接收机内部的冗余信息或者其他辅助信息，如气压高度表、惯导等。目前发展比较成熟的接收机自主完好性监测方法（RAIM）就属于内部方法，是利用接收机内部的冗度测量来实现故障检测和识别的。外部方法则是在地面设置监测站，监测 GNSS 卫星的状况，当前也包括监测系统本身的故障因素，然后播发给用户。随之出现的星基增强系统和地基增强系统（GBAS），在确定误差改正数的同时，也必须给出改正数的完好性信息。

3.1 北斗/GNSS 接收机完好性监测体系设计

以星基增强系统为例，局域差分只能消除地面参考站与用户相关的误差，而与两者不相关的误差以及构成地基增强系统所引入的有关误差都会影响导航的安全性，成为地基增强系统完好性的故障因素。因此，地基增强系统设计的关键在于对各种完好性故障进行有效监测，实时检测并排除这些故障或在规定的告警时间内通知用户。

3.1.1　故障因素影响理论分析

地基增强系统由空间部分(主要指 GNSS 卫星)、地面部分(包括伪卫星参考站、数据链)及用户 3 部分组成,因此,故障因素具体包含在各个组成部分当中。图 3-1 给出 3 个组成部分的各种故障因素。

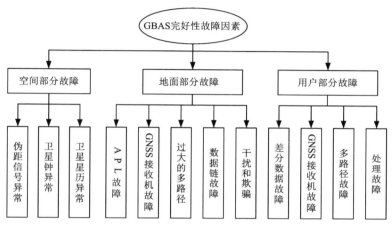

图 3-1　GBAS 完好性故障因素

1. 空间部分故障

一种难以检测的卫星故障是 GNSS 的 C/A 码信号失真,它是参考站接收机和用户接收机采用不同的相关处理技术引起的。一般用户接收机相关间距较宽,而大多数参考站接收机用窄相关来限制地面多路径影响,由于二者相关间距不同,参考站和用户观测的伪距有不同的误差影响。GNSS 卫星钟和卫星星历误差基本上能通过局域差分消除,但卫星钟误差是与时间相关的,卫星星历误差是与空间降相关的。如果卫星星历信息中包含大的位置误差,且其方向平行于参考站和用户所形成的基线矢量,则将导致严重的用户偏差。

2. 地面部分故障

地面部分由机场伪卫星(APL)、若干参考站接收机及 VHF 数据链组成。API 发射的测距信号与 GNSS 信号一致,因此会出现与 GNSS 信号类似的故障。参考站接收机内部通道故障会影响部分或所有观测量,其误差将包含在伪距改正信息中,直接影响用户的差分定位解。过大的多路径和上述影响相似,也会包含在伪距改正信息中。由处理中心计算的地面信息要能正确编码、广播，并由用户接收，这种联系地面和用户的数据链的各处理过程可能会出现故障。故意干扰或欺骗也是一种故障因素，但 GNSS 本身会对其有一定的抵抗能力，因此不是主要问题。

3. 用户部分故障

用户部分故障主要指用户北斗/GNSS 接收机及观测量的故障。接收机存在内部通道故障；观测量会受到较大的多路径误差影响，对于飞机用户，多路径误差会被飞行的快变动态性及飞机反射面的近距离限制；用户载波相位观测量会出现周跳情况。

3.1.2 各种故障因素的监测处理

由于故障因素出现在各个组成部分，因此很难给出一种综合的监测方法，最有效的方法是针对不同的故障因素设计不同的监测方法。

1. GNSS 卫星故障监测处理

接收机处理技术不同引起的信号故障较难监测，一般是在信号接收后通过实时信号质量监测来完成。

卫星钟异常可通过观测量一致性检查进行监测，即由前面历元的观测量可给出当前历元的预测值，然后与当前历元的观测值进行比较。预测值由地面观测量变化形成的多项式系数得到，观测值是用户定位时刻对应的观测量。这样，地面和用户结合处理，用户不必搜索所有可能中断的卫星，地面也可对各参考站得到的系数值进行一致性检查。

卫星星历误差的检查可在地面或用户阶段分别利用不同的方法进行处理。地面处理方法综合利用伪距差分比较和带有模糊度搜索的相位双差技术，前者能检测平行与卫星视线方向的误差，后者能检测垂直与卫星视线方向的误差，3 个参考站分别利用这两种技术可检测所有方向的星历误差，这种方法不同于一般比较方法需要分离较远的参考站，它能通过相距较近的参考站进行监测，因而不受机场范围限制。用户基于载波相位的 RAIM 技术检测星历误差的方法相对于一般的地面检测方法会更加有效，但会降低系统的可用性，当然，增加 APL 可提高可用性。

2. 地面故障监测处理

地面部分故障因素包括伪卫星故障、参考站接收机故障和甚高频（VHF）数据链故障。APL 的故障监测与 APL 的系统设计有关。如果使用带有"无运行（free-running）"钟的 APL，地面参考站可以和处理 GNSS 故障一样提供 APL 的改正数及误差，但需要通过电缆将 APL 与每个参考站连接，实现起来较困难，也较昂贵。通常的方法是使用同步的 APL，这样用户能对来自 APL 转发的 GNSS 信号与直接观测的 GNSS 信号进行比较，不需要由地面参考站来处理，但 APL 必须具备自检能力以保证发射的信号是安全的。另外，可以设置监测接收机，同时接收卫星信号和 APL 重发的信号以检查一致性。

对于地面参考站接收机的内部通道故障及外部多路径影响，可通过 3 个或更多分离的接收机提供的冗余观测量进行一致性比较，比较的结果反映了相关误差改正数的误差。这种误差信息经检测，如无大的粗差影响，则发布给用户，由用户最终确定这些误差是否导致差分导航的不可用。由于地面不知道用户跟踪哪些卫星，也不知其几何构成，因而用户所需要的保护门限并不能由地面处理完全决定，地面只能取消一些有严重影响的粗差观测量。地面参考站天线应严格考虑多路径影响，GBAS 采用专用的抗多路径影响的天线。

VHF 数据链故障可分别由地面和用户监测，地面部分能用远域的 VHF 监测站来确认被接收的信号与广播的信息一致，用户能通过循环冗余校验（CRC）来验证每个接收信息的完好性。对于数据链还必须充分考虑当超过规定的告警时间信号仍不能正常接收时对连续性的影响。

3. 用户故障监测处理

用户为 GBAS 的最终阶段，在确定导航解的同时，必须给出整个系统的完好性保证。用户不仅对用户接收机本身的故障敏感，对空间部分和地面部分未被排除的故障也是敏感的。用户接收机故障可和地面站一样通过多个传感器提供的多余量来检测和排除，每个用户接收机应具备内部检测能力，如检测和修复相位周跳。

对于整个 GBAS，用户最终通过 VPL 算法来确定其是否可用。在用户部分用 VPL 算法保证系统完好性有两个优点：①用户可利用当前的卫星几何，不需要地面检查用户可接受的卫星可视情况；②根据用户的 VPL 值能够确定故障情况是否真正对用户存在威胁。

3.1.3　完好性监测处理综合流程

综合上节各组成部分的故障监测处理情况，给出如图 3-2 所示的 GBAS 完好性监测处理综合流程。

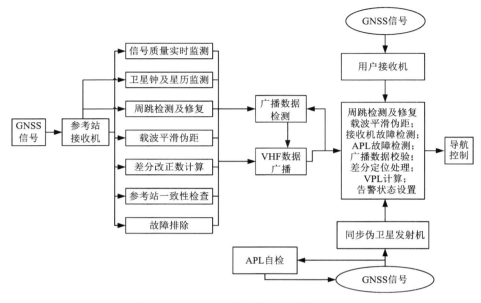

图 3-2　GBAS 完好性监测处理综合流程

3.2　北斗/GNSS 接收机自主完好性监测

相比较外部增强系统建设成本高、算法复杂等缺点，接收机自主完好性监测（RAIM）可实现接收机利用冗余观测信息的一致性检测来发现卫星故障的功能。由于其简单实用，易于实现。因此得到了广泛的应用。

大坝北斗/GNSS 接收机自主完好性监测即在大坝用户端利用冗余观测量进行卫星故障快速监测，该方法称为大坝北斗/GNSS 接收机自主完好性监测方法。RAIM 需要解决两个问题：卫星是否存在故障和故障存在于哪颗卫星。RAIM 通过冗余的 GNSS 观测量来解决这两个问题，当观测到 5 颗卫星时，就可以利用故障检测（FD）功能来解决前一个问题，当观测到 6 颗卫星时，就可以利用故障排除（FE）功能来解决后一个问题。对于辅助导航只需要第一个功能，一旦检测到故障，可以启用其他导航手段。对于唯一导航，必须具备第二个功能，以排除发生的故障，使导航能继续而不是终止。

关于 RAIM 的算法，较早出现的有卡尔曼滤波方法和定位解最大间隔法卡尔曼滤波方法。该方法可以利用过去观测量提高效果，但必须给出先验误差特性，而实际误差特性很难准确预测，如果预测不准，反而会降低效果。定位解最大间隔法的数学分析过程较复杂，故障检测的判决门限不易确定。较好的 RAIM 算法还是仅利用当前伪距观测量的"快照（snapshot）"方法，包括伪距比较法、最小二乘残差法和奇偶矢量法。这三种方法对于存在一个故障偏差的情况都有较好的效果，并且是等效的。奇偶矢量法最早由 M. A. Sturza 引入，后被 Honeywell 公司应用于其制造的航空用 GNSS/INS（惯性导航系统）组合传感器中并取得了较好的飞行测试结果。相对而言奇偶矢量法计算较简单，因而被普遍采用，并被 RTCA SC-159 推荐为基本算法。

大坝北斗/GNSS 接收机故障检测和排除与用户卫星几何结构有一定关系，为了满足故障检测和排除的性能需求，卫星几何结构必须具有一定的质量保证。类似于定位解对水平精度衰减因子（HDOP）的要求，M. A. Sturza 引入最大精度因子变化 $\delta H_{\max}$ 表达故障检测对卫星几何结构的要求。由于卫星数不同时，$\delta H_{\max}$ 可能相同，因而不能给出很好保证。R. G. Brown 基于一个故障并存在于最难检测卫星假设，提出了近似径向误差保护（ARP）方法，G. Y. Chin 等人用蒙特卡罗模拟针对辅助导航需求给出了由 ARP 计算水平保护级（HPL）的系数值（1.7），J. Sang 用概率方法基于最小二乘理论推导了相应的 ARP 限值。由于 ARP 限值的确定与需求参数有关，因而参数变化时，要进行不同的模拟。Y. Lee 提出通过分析方法计算 HPL，从而给出卫星几何保证。

HPL 确定了满足完好性需求的卫星几何结构，对于引起 HPL 超限的卫星几何结构则视为不可用。应该注意，这些不良的几何结构也可能产生较好的导航解，只是没有适当的冗余性来提供好的完好性监测。由于故障检测和排除对卫星几何结构提出了更高要求，因而必须对卫星配置进行分析，以确定服务区内的 RAIM 可用性。

目前，GNSS 正蓬勃发展，考虑到 GNSS 的发展对 RAIM 的影响，美国航空局 GNSS 演化架构研究小组建议加强 RAIM 在航空进近阶段中的作用，尤其是在 LPV-200 阶段中的作用，并提出了先进接收机自主完好性监测（ARAIM）的概念。根据 GNSS 演化架构小组的研究，仅依靠目前 GNSS 24 颗卫星是无法在世界范围内提供 LPV-200 阶段的完好性服务的。因此，有学者分析了多星座情况下，利用 ARAIM 为具有垂向引导能力的航空进近阶段提供完好性服务的前景和前提。为了进一步改善 ARAIM 的性能，也有学者提出了将 ARAIM 与地面监测相结合的相对接收机自主完好性监测（RRAIM）算法。

3.2.1　改进的双星故障条件下 RAIM 可用性方法

RAIM 对卫星故障的监测会受到卫星个数和卫星几何分布的影响。当可见卫星数过少或者几何分布不理想时，由卫星几何结构引起的定位误差会遮掩卫星故障引起的定位误差，造成完好性监测结果不可信，漏检率增加。所以在进行故障监测之前必须进行可用性判断，以保证不会影响到故障监测性能。RAIM 可用性计算涉及漏检率和误警率的选取，王尔申等详细分析了这两个参数对可用性的影响。结果表明，RAIM 可用性随漏检率和误警率降低而降低。目前基于单星故障的 RAIM 可用性评估方法主要有水平保护方法 HPLM、最大水平精度因子方法($\delta\mathrm{HDOP}_{max}$)和近似径向误差保护法 ARPM，理论上可证明这三种方法是等价的；考虑到两颗卫星同时发生故障的可能性，倪育德等从一颗卫星故障的可用性出发，推导出两颗卫星故障时的可用性分析方法；针对多故障卫星的可用性，陈金平等提出了基于漏检概率和圆概率误差的可用性分析方法；RAIM 为飞机进近阶段的水平导航提供服务，但仍不具备垂直导航的能力。随着多频多模全球导航卫星系统的发展与应用以及为适应飞机更高阶段的精密进近的需求，引入具备垂直导航能力的高级接收机自主完好性监测 ARAIM。ARAIM 旨在在全球范围内提供垂直导向 -200 英尺的定标性能（LPV -200，localizer performance with vertical guidance 200 fit）级别的航空导航服务。为此，众多学者进行了算法改进和定位性能方面的研究。张倩倩将钟差预测值作为虚拟伪距观测值纳入到当前的定位解算中，对提高单星座 ARAIM 可用性具有显著作用。随着 GNSS 的迅速发展与完善，很多学者进行了 GNSS 中 ARAIM 的可用性研究。针对传统 RAIM 可用性算法的保守性，采用多假设故障解 MHSS 的可用性算法，直接计算满足风险要求的保护限值，采用动态分配完好性风险和连续性风险的方法提高 RAIM 可用性。Muhammad（2014）使用 GNSS 数据对 ARAIM 可用性进行了比较，结果表明基于完好性支持信息 ISM 的可用性性能优于基于用户测距精度的 URA 计算结果；为了探讨 ISM 参数对 ARAIM 可用性的影响，史进恒等（2020）分析了 ISM 参数偏差对 ARAIM 可用性的影响，结果表明 URA 的影响最大。倪育德等给出了垂直方向 ARAIM 的垂直保护水平 VPL 实时和预测算法，证实了在双星双频情况下，可用性设置为 99.9% 时 ARAIM 的算法覆盖率可达 100%，完全满足 LPV -200 进近对完好性的要求；赵昂（2020）研究了全球范围内 GNSS 不同频率及不同组合方式下的保护水平和可用性，得出了一些有益的结论。Wang 等利用优化参数和实际参数基于模拟数据和 MGEX 站数据分析了在亚太区域 ARAIM 的可用性，证实 BDS 系统能够提供 LPV-200 阶段 90% 可用性，GNSS+BDS 在亚太区域有更好的可用性；刘瑞华等也进行了 ARAIM 的可用性评估，得出了一致的结论；Zhi 等进行了星际增强系统 EGNOS 可用性的预测，证实了预测结果和实际结果在欧洲中部有 75.17% 的一致性。

以上学者对 RAIM 和 ARAIM 的可用性评估方法和性能进行了详细的研究，取得了较好的效果。作者在仔细阅读相关文献后发现：在倪育德等人以及后来的硕博士论文中对双星故障条件下 RAIM 可用性的评估沿用的是同一种矩阵最大特征值方法（MMEM），该方法中的数学模型存在公式复杂、不实用、公式中的未知参数指代不清楚等问题。为此，作者对该方法中的数学模型进行了改进，提出了 RAIM 可用性评估极大值方法（MM），并基于 IGMAS 中的 8 个 GNSS 站实测数据对这两种方法的 RAIM 的可用性进行了验证，得到了最新的中国境内 BDS 可用性性能评估结果。

1. RAIM 方法原理

RAIM 主要是基于 GNSS 中的伪距观测量。若在历元 t 时第 r 个接收机与第 s 颗卫星进行了同步观测，则在频率 f_1 上的伪距原始方程为：

$$P^s_{r,f_1}(t)=\rho^s_{r,f_1}+c(dt_r-dt^s)+I^s_{r,f_1}+T^s_r+c \cdot ucd^s_r+\varepsilon^s_{r,f_1} \qquad (3-1)$$

式中：P^s_{r,f_1} 为测站 r 至卫星 s 在第 f_1 频率上的伪距观测量；ρ^s_{r,f_1} 为卫星天线相位中心到接收机天线相位中心的几何距离；c 为光速；dt_r 和 dt^s 分别为接收机钟差和卫星钟差参数；I^s_{r,f_1} 和 T^s_r 为电离层延迟和对流层延迟；ucd^s_r 为接收机和卫星端的伪距硬件延迟偏差；ε^s_{r,f_1} 为观测噪声、多路径效应等其他误差。

若在历元 t 时同步观测了 m 颗卫星，则式（3-1）可写成统一的矩阵形式：

$$\underset{m\times1}{\boldsymbol{y}}=\underset{m\times4}{\boldsymbol{H}}\underset{4\times1}{\boldsymbol{x}}+\underset{m\times1}{\boldsymbol{\varepsilon}} \qquad (3-2)$$

式中：$\boldsymbol{y}$ 为 m 维伪距观测值与近似卫地距的差向量；$\boldsymbol{H}$ 为 m 行 4 列设计矩阵，表示各个卫星对用户之间的投影向量；$\boldsymbol{x}$ 为测站坐标和接收机钟差构成的四维向量；$\boldsymbol{\varepsilon}$ 为 m 维观测伪距的误差向量。式（3-2）中的参数向量和矩阵分别表示为：

$$\boldsymbol{y}=\begin{bmatrix} P^1_{r,f_1}-((\rho^1_{r,f_1})^0+cdt^0_r-cdt^1+I^1_{r,f_1}+T^1_r+c \cdot ucd^1_r) \\ \cdots \\ P^s_{r,f_1}-((\rho^s_{r,f_1})^0+cdt^0_r-cdt^s+I^s_{r,f_1}+T^s_r+c \cdot ucd^s_r) \\ \cdots \\ P^m_{r,f_1}-((\rho^m_{r,f_1})^0+cdt^0_r-cdt^m+I^m_{r,f_1}+T^m_r+c \cdot ucd^m_r) \end{bmatrix} \qquad (3-3)$$

$$\boldsymbol{x}=\begin{bmatrix} V_X \\ V_Y \\ V_Z \\ cV_{t_r} \end{bmatrix}, \boldsymbol{H}=\begin{bmatrix} e^1_r & 1 \\ \vdots & \vdots \\ e^s_r & 1 \\ \vdots & \vdots \\ e^m_r & 1 \end{bmatrix}, \boldsymbol{e}^s_p=\begin{bmatrix} \dfrac{X^0_r-X^s}{(\rho^s_r)^0} & \dfrac{Y^0_r-Y^s}{(\rho^s_r)^0} & \dfrac{Z^0_r-Z^s}{(\rho^s_r)^0} \end{bmatrix} \qquad (3-4)$$

45

式中：$(\rho_{r,f_1}^s)^0$ 为测站 r 至卫星 s 的空间几何距离的近似值；(X_r^0, Y_r^0, Z_r^0) 和 (V_X, V_Y, V_Z) 为测站 r 的三维坐标分量近似值及其改正数；(X^s, Y^s, Z^s) 为卫星 s 的三维坐标分量；dt_r^0 和 V_{t_r} 为接收机钟差近似值及其改正数。

给定观测量的权阵为 $\boldsymbol{P}$，式（3-2）的最小二乘解为：

$$\hat{\boldsymbol{x}} = (\boldsymbol{H}^T \boldsymbol{P} \boldsymbol{H})^{-1} \boldsymbol{H}^T \boldsymbol{P} \boldsymbol{y} = (\boldsymbol{H}^T \boldsymbol{P} \boldsymbol{H})^{-1} \boldsymbol{H}^T \boldsymbol{P} (\boldsymbol{H} \boldsymbol{x} + \boldsymbol{\varepsilon}) = \boldsymbol{x} + (\boldsymbol{H}^T \boldsymbol{P} \boldsymbol{H})^{-1} \boldsymbol{H}^T \boldsymbol{P} \boldsymbol{\varepsilon} \quad (3-5)$$

则观测量的改正数向量（$\hat{\boldsymbol{v}}$）为：

$$\hat{\boldsymbol{v}} = \boldsymbol{y} - \boldsymbol{H} \hat{\boldsymbol{x}} = \boldsymbol{H} \boldsymbol{x} + \boldsymbol{\varepsilon} - \boldsymbol{H}(\boldsymbol{x} + (\boldsymbol{H}^T \boldsymbol{P} \boldsymbol{H})^{-1} \boldsymbol{H}^T \boldsymbol{P} \boldsymbol{\varepsilon}) = (\boldsymbol{I} - \boldsymbol{H}(\boldsymbol{H}^T \boldsymbol{P} \boldsymbol{H})^{-1} \boldsymbol{H}^T \boldsymbol{P}) \boldsymbol{\varepsilon} \quad (3-6)$$

令：

$$\begin{cases} \boldsymbol{Q} = \boldsymbol{P}^{-1} - \boldsymbol{H}(\boldsymbol{H}^T \boldsymbol{P} \boldsymbol{H})^{-1} \boldsymbol{H}^T \\ \boldsymbol{A} = (\boldsymbol{H}^T \boldsymbol{P} \boldsymbol{H})^{-1} \boldsymbol{H}^T \boldsymbol{P} \\ \boldsymbol{B} = \boldsymbol{H}(\boldsymbol{H}^T \boldsymbol{P} \boldsymbol{H})^{-1} \boldsymbol{H}^T \boldsymbol{P} \end{cases} \quad (3-7)$$

则定位误差（Δx）及 $\hat{\boldsymbol{v}}$ 的加权平方和（$\hat{\boldsymbol{v}}^T \boldsymbol{P} \hat{\boldsymbol{v}}$）为：

$$\begin{cases} \Delta x = \hat{\boldsymbol{x}} - \boldsymbol{x} = \boldsymbol{A} \boldsymbol{\varepsilon} \\ \hat{\boldsymbol{v}} = (\boldsymbol{I} - \boldsymbol{B}) \boldsymbol{\varepsilon} \\ \hat{\boldsymbol{v}}^T \boldsymbol{P} \hat{\boldsymbol{v}} = \boldsymbol{\varepsilon}^T \boldsymbol{P} (\boldsymbol{I} - \boldsymbol{B}) \boldsymbol{\varepsilon} = \boldsymbol{\varepsilon}^T \boldsymbol{P} \boldsymbol{Q} \boldsymbol{P} \boldsymbol{\varepsilon} \end{cases} \quad (3-8)$$

$\boldsymbol{\varepsilon}$ 服从零均值整体正态随机分布，设分量的方差为 σ_0^2，依据统计理论，$\hat{\boldsymbol{v}}^T \boldsymbol{P} \hat{\boldsymbol{v}} / \sigma_0^2$ 服从自由度为 $m-4$ 的卡方分布 $\chi^2(m-4)$；当观测量中存在粗差时，$\hat{\boldsymbol{v}}^T \boldsymbol{P} \hat{\boldsymbol{v}} / \sigma_0^2$ 服从自由度为 $m-4$ 的非中心卡方分布 $\chi^2(m-4, \lambda)$。其中，λ 表示 $\hat{\boldsymbol{v}}^T \boldsymbol{P} \hat{\boldsymbol{v}} / \sigma_0^2$ 分布的非中心参数。根据 $\hat{\boldsymbol{v}}^T \boldsymbol{P} \hat{\boldsymbol{v}} / \sigma_0^2$ 的分布特征可进行故障卫星的探测。

无故障时，概率密度用 $f_{\chi_{m-4}^2(x)}$ 表示。当系统处于正常状态且无伪距故障发生时，如果系统发出监测报警，则为虚警（false alarm, FA）。虚警率（P_{FA}）可以表示为 $P_{FA} = P\left(\dfrac{\hat{\boldsymbol{v}}^T \boldsymbol{P} \hat{\boldsymbol{v}}}{\sigma_0^2} > \alpha^2 \mid 无故障\right)$，$\alpha^2$ 为 χ^2 分布的分位点，其值由 P_{FA} 和自由度（$m-4$）确定，则公式（3-9）成立：

$$P_{FA} = P\left(\frac{\hat{\boldsymbol{v}}^T \boldsymbol{P} \hat{\boldsymbol{v}}}{\sigma_0^2} > \alpha^2\right) = \int_{\alpha^2}^{\infty} f_{\chi_{m-4}^2}(x) \, dx \quad (3-9)$$

存在故障时，概率密度以 $f_{\chi_{m-4, \lambda}^2(x)}$ 表示。当发生伪距故障时，如果系统没有发生监测报警，则为漏检（missed detection, MD）。漏检率（P_{MD}）表示为 $P_{MD} = P\left(\dfrac{\hat{\boldsymbol{v}}^T \boldsymbol{P} \hat{\boldsymbol{v}}}{\sigma_0^2} < \alpha^2 \mid 故障\right)$。存在故障时，$\lambda$ 由 α^2、P_{MD} 和（$m-4$）确定，等式（3-4）成立：

$$P_{MD} = P\left(\frac{\hat{\boldsymbol{v}}^{T}\boldsymbol{P}\hat{\boldsymbol{v}}}{\sigma_0^2} < \alpha^2\right) = \int_0^{\alpha^2} f_{\chi^2_{(m-4,\lambda)}}(x)\,\mathrm{d}x \qquad (3-10)$$

在导航过程中,将实时解算的 T 与监测门限(T_D)进行比较,若 $T<T_D$,则系统无故障,反之,系统存在故障。

2. RAIM 可用性分析方法

故障监测与识别是 RAIM 主要完成的两项工作。但 RAIM 算法对卫星故障的监测受到可见星数目和卫星几何分布的影响,此时的完好性监测结果将不可信。因此,需首先根据性能指标对当前可见星的几何分布进行判断,决定其是否适合进行完好性监测,即判断 RAIM 算法是否可用。

对 RAIM 进行可用性判断时需要构建检验统计量 T 与定位误差之间的数学关系。由于 RAIM 不具备垂直导航的能力,这里只讨论 HPL。一般取检验统计量 T 为:

$$T = \sqrt{\hat{\boldsymbol{v}}^{T}\boldsymbol{P}\hat{\boldsymbol{v}}/(m-4)} \qquad (3-11)$$

如图 3-3 所示,横轴表示 T,纵轴表示水平径向误差(horizontal radial error, HRE),将这两个随机变量取比值后得到图中斜线的斜率($SLOPE$),即

$$SLOPE = \frac{HRE}{T} \qquad (3-12)$$

从图 3-3 中可以看到,T 与 HRE 呈线性关系,沿此倾斜线,当伪距观测量中存在偏差时,T 与 HRE 线性增加。偏差较小时,HRE 小于 HPL 且 T 小于 T_D,系统处于正常状态(图 3-3 中左下角),P_{MD} 较低。偏差较大时,HRE 大于 HPL 且 T 大于 T_D,系统能正确监测这种偏差(图中右上角),P_{MD} 也较低。当偏差处于两者之间时,P_{MD} 可能达到最大(图 3-3 左上角)。对应相同的 T,$SLOPE$ 越大,卫星发生故障时 MD 的概率越高。

可用性分析就是利用 $SLOPE_s(s=1,2,\cdots,m)$ 在各个历元最大的值 $SLOPE_{max}$ 进行判定。依据 $SLOPE_{max}$ 求出 HPL,并与水平告警限值(horizontal alarm limit, HAL)比较,如果 HPL 小于 HAL,说明 RAIM 算法可用,否则不可用。

下面详细推导了双星和单星故障时 $SLOPE$ 的计算公式。

忽略观测伪距随机误差的情况,当观测误差 ε 在第 i 和第 j 个观测值中存在粗差 b_i 和 b_j 时,即

$$\boldsymbol{\varepsilon} = \begin{bmatrix} 0 & \cdots & b_i & \cdots & b_j & \cdots & 0 \end{bmatrix}^{T} \qquad (3-13)$$

根据式(3-8)可以得到定位解的误差向量为:

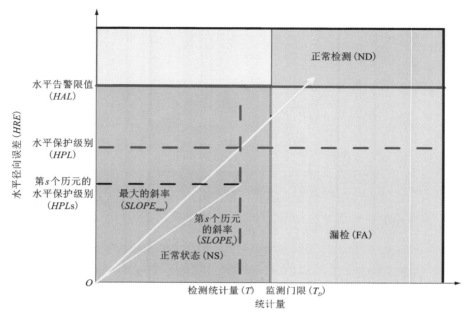

图 3-3 T 与 HRE 的关系

$$\Delta\hat{\pmb{x}}_{ij} = \begin{bmatrix} A_{11} & \cdots & A_{1i} & \cdots & A_{1j} & \cdots & A_{1m} \\ A_{21} & \cdots & A_{2i} & \cdots & A_{2j} & \cdots & A_{2m} \\ A_{31} & \cdots & A_{3i} & \cdots & A_{3j} & \cdots & A_{3m} \\ A_{41} & \cdots & A_{4i} & \cdots & A_{4j} & \cdots & A_{4m} \end{bmatrix} \begin{bmatrix} 0 \\ \vdots \\ b_i \\ \vdots \\ b_j \\ \vdots \\ 0 \end{bmatrix} = \begin{bmatrix} A_{1i}b_i + A_{1j}b_j \\ A_{2i}b_i + A_{2j}b_j \\ A_{3i}b_i + A_{3j}b_j \\ A_{4i}b_i + A_{4j}b_j \end{bmatrix} \quad (3\text{-}14)$$

则 HRE_{ij} 的平方（HRE_{ij}^2）为：

$$HRE_{ij}^2 = (A_{1i}b_i + A_{1j}b_j)^2 + (A_{2i}b_i + A_{2j}b_j)^2 \quad (3\text{-}15)$$

把式（3-13）代入到式（3-8）中得：

$$(\hat{\pmb{v}}^{\mathrm{T}}\pmb{P}\hat{\pmb{v}})_{ij} = \varepsilon^T P(I-B)\varepsilon = \begin{bmatrix} b_i P_i & b_j P_j \end{bmatrix} \begin{bmatrix} 1-B_{ii} & -B_{ij} \\ -B_{ij} & 1-B_{jj} \end{bmatrix} \begin{bmatrix} b_i \\ b_j \end{bmatrix}$$

$$= b_i^2 P_i(1-B_{ii}) + b_j^2 P_j(1-B_{jj}) - b_i b_j P_i B_{ij} - b_i b_j P_j B_{ij} \quad (3\text{-}16)$$

则 $SLOPE_{ij}^2$ 为：

$$SLOPE_{ij}^2 = \frac{HRE_{ij}^2 \cdot (m-4)}{(\hat{\boldsymbol{v}}^T \boldsymbol{P} \hat{\boldsymbol{v}})_{ij}} = \frac{\left[(A_{1i}b_i + A_{1j}b_j)^2 + (A_{2i}b_i + A_{2j}b_j)^2 \right] \cdot (m-4)}{b_i^2 P_i(1-B_{ii}) + b_j^2 P_j(1-B_{jj}) - b_i b_j P_i B_{ij} - b_i b_j P_j B_{ij}}$$

$$(3-17)$$

令：粗差 b_i 和 b_j 的比值 k 为：

$$k = \frac{b_i}{b_j} \qquad (3-18)$$

$$SLOPE_{ij}^2 = \frac{\left[(kA_{1i} + A_{1j})^2 + (kA_{2i} + A_{2j})^2 \right] \cdot (m-4)}{k^2 P_i(1-B_{ii}) + P_j(1-B_{jj}) - kP_i B_{ij} - kP_j B_{ij}} \qquad (3-19)$$

式(3-19)中 k 值采用矩阵最大特征值方法 MMEM 计算，需要重新设置另外一个参数才能得出 k 的计算公式。但仔细研究后发现：如要计算出 k 值，需要知道粗差 b_i 和 b_j 的量值，实际计算中很难获取该值的大小。为此本书对该公式进行了改进。计算如下：

求式(3-19)的极大值，式(3-19)两边取对数，得到：

$$\ln SLOPE_{ij}^2 = \ln \left[(kA_{1i} + A_{1j})^2 + (kA_{2i} + A_{2j})^2 \right] + 2\ln(m-4)$$
$$- \ln \left[k^2 P_i(1-B_{ii}) + P_j(1-B_{jj}) - kP_i B_{ij} - kP_j B_{ij} \right] \qquad (3-20)$$

对式(3-20)中的 k 求偏导后得二次方程式为：

$$ak^2 + bk + c = 0 \qquad (3-21)$$

其中：

$$\begin{cases} a = -A_{1i}^2 B_{ij} P_i - A_{2i}^2 B_{ij} P_i - A_{1i}^2 B_{ij} P_j - A_{2i}^2 B_{ij} P_j - 2A_{1i}A_{1j}P_i - 2A_{2i}A_{2j}P_i + 2A_{1i}A_{1j}B_{ii}P_i + 2A_{2i}A_{2j}B_{ii}P_i \\ b = 2A_{1i}^2 P_j + 2A_{2i}^2 P_j - 2A_{1i}^2 B_{jj}P_j - 2A_{2i}^2 B_{jj}P_j - 2A_{1j}^2 P_i - 2A_{2j}^2 P_i + 2A_{1j}^2 B_{ii}P_i + 2A_{2j}^2 B_{ii}P_i \\ c = 2A_{1i}A_{1j}P_j + 2A_{2i}A_{2j}P_j - 2A_{1i}A_{1j}B_{jj}P_j - 2A_{2i}A_{2j}B_{jj}P_j + A_{1j}^2 B_{ij}P_i + A_{2j}^2 B_{ij}P_i + A_{1j}^2 B_{ij}P_j + A_{2j}^2 B_{ij}P_j \end{cases}$$

$$(3-22)$$

根据一元二次方程的不等式判别式得到式(3-21)的两个根 k_1 和 k_2 为：

$$\begin{cases} k_1 = \dfrac{-b - \sqrt{b^2 - 4ac}}{2a} \\[3mm] k_2 = \dfrac{-b + \sqrt{b^2 - 4ac}}{2a} \end{cases} \qquad (3-23)$$

把 k_1，k_2 分别代到式(3-19)后可得到当前历元的 $(SLOPE_{ij})_{max}$：

$$(SLOPE_{ij})_{max} = \max((SLOPE_{ij})_{k1}, (SLOPE_{ij})_{k2}) \qquad (3-24)$$

双星故障时的 HPL 为：

$$HPL = (SLOPE_{ij})_{max} \cdot \sigma_0 \cdot \sqrt{\lambda} / \sqrt{(m-4)} \qquad (3-25)$$

H_1 成立时，假设观测量中存在粗差 $\boldsymbol{b}$，则存在 $\varepsilon \sim N(\boldsymbol{b}, \sigma_0^2 \boldsymbol{P}^{-1})$，$\hat{\boldsymbol{v}}^T \boldsymbol{P} \hat{\boldsymbol{v}}/$

σ_0^2 服从自由度为 $m-4$ 的非中心 χ^2 卡方分布，其非中心参数 λ 为：

$$\lambda = \boldsymbol{b}^{\mathrm{T}}\boldsymbol{P}(\boldsymbol{I}-\boldsymbol{B})\boldsymbol{b}/\sigma_0^2 = \boldsymbol{b}^{\mathrm{T}}\boldsymbol{PQPb}/\sigma_0^2 \qquad (3-26)$$

根据 $\varepsilon \sim N(\boldsymbol{b},\ \sigma_0^2\boldsymbol{P}^{-1})$ 和式（3-8）可得 $\Delta x \sim N((\boldsymbol{H}^{\mathrm{T}}\boldsymbol{PH})^{-1}\boldsymbol{H}^{\mathrm{T}}\boldsymbol{Pb},\ \sigma_0^2$ $(\boldsymbol{H}^{\mathrm{T}}\boldsymbol{PH})^{-1})$。用户在水平方向的定位误差分别为：

$$\begin{bmatrix} \delta E \\ \delta N \end{bmatrix} = \begin{bmatrix} \boldsymbol{I}_{2\times2} & \boldsymbol{0}_{2\times2} \\ \boldsymbol{0}_{2\times2} & \boldsymbol{0}_{2\times2} \end{bmatrix}(\boldsymbol{G}^{\mathrm{T}}\boldsymbol{PG})(\boldsymbol{G}^{\mathrm{T}}\boldsymbol{Pb}) \qquad (3-27)$$

此时 HRE 是未知向量 $\boldsymbol{b}$ 的函数。HPL 为：

$$HPL^2 = (\delta E)^2 + (\delta N)^2 = \boldsymbol{b}^{\mathrm{T}}\boldsymbol{PH}(\boldsymbol{H}^{\mathrm{T}}\boldsymbol{PH})\begin{bmatrix} \boldsymbol{I}_{2\times2} & \boldsymbol{0}_{2\times2} \\ \boldsymbol{0}_{2\times2} & \boldsymbol{0}_{2\times2} \end{bmatrix}(\boldsymbol{H}^{\mathrm{T}}\boldsymbol{PH})(\boldsymbol{H}^{\mathrm{T}}\boldsymbol{Pb})$$

$$(3-28)$$

设：

$$\boldsymbol{M} = \boldsymbol{PH}(\boldsymbol{H}^{\mathrm{T}}\boldsymbol{PH})\begin{bmatrix} \boldsymbol{I}_{2\times2} & \boldsymbol{0}_{2\times2} \\ \boldsymbol{0}_{2\times2} & \boldsymbol{0}_{2\times2} \end{bmatrix}(\boldsymbol{H}^{\mathrm{T}}\boldsymbol{PH})\boldsymbol{H}^{\mathrm{T}}\boldsymbol{P} \qquad (3-29)$$

则 HPL 为：

$$HPL = \max(HRE) = \max(\sqrt{\boldsymbol{b}^{\mathrm{T}}\boldsymbol{PMPb}})$$

$$= \max\left(\sqrt{\lambda}\frac{\sqrt{\boldsymbol{b}^{\mathrm{T}}\boldsymbol{PMPb}}}{\sqrt{\boldsymbol{b}^{\mathrm{T}}\boldsymbol{PMPb}/\sigma_0^2}}\right) = \sigma_0\sqrt{\lambda}\max\left(\frac{\sqrt{\boldsymbol{b}^{\mathrm{T}}\boldsymbol{PMPb}}}{\sqrt{\boldsymbol{b}^{\mathrm{T}}\boldsymbol{PMPb}/\sigma_0^2}}\right) = \sigma_0\sqrt{\lambda\mu} \quad (3-30)$$

式中：μ 为 $\boldsymbol{PMP}$ 关于 $\boldsymbol{PQP}$ 的最大特征根。

3. 双星故障时可用性统计方法

本书实验数据采用国际 GNSS 监测评估系统提供的中国境内 bjf1、chu1、gua1、kun1、lha1、sha1、wuh1、xia1 共 8 个连续跟踪站 2020 年 9 月 6 日的观测数据和星历文件。通过自编程序计算这些跟踪点在截止高度角 5°以上 BDS 卫星可见性、DOP 值和基于两种方法的双星故障 HPL 值，比较与分析中国境内 BDS 可用性和双星故障卫星可用性的差异。

数据情况及处理策略如下：

①收集的数据的观测时间段 bjf1 和 chu1 为 0：00：00—9：59：30；gua1\kun1\lhaz\sha1 为 0：00：00—15：59：30；wuh1\xia1 为 0：00：00—16：59：30，且部分测站和部分历元存在数据缺失。

②考虑到每个测站不完全包含双频或三频观测值，式（3-1）中的观测值采用 BDS C2I 频率的单频观测值。

③全球星历文件中每隔 1 小时给出用于计算每个历元的 BDS 卫星轨道参

数、卫星钟差参数和卫星状态信息，其 1 天的全球星历文件从 MGEX 网站下载。

④式（3-5）中的权矩阵 P 采用已知的高度角定权法[21]。定权时考虑了 3 种异构卫星之间的差异，将 GEO 和 IGSO+MEO 卫星的权比关系设置为 1：5。

利用 8 个 IGMAS GNSS 观测站数据，并结合全球星历文件，计算出每个测站每个历元对应卫星的高度角，统计出可见卫星数、平均卫星数、DOP 值及其平均值。其统计结果如表 3-1 和表 3-2 所示。

表 3-1　8 个 IGMAS 站 BDS 可见卫星数　　　　单位：颗

测站	最小值	均值	最大值
bjf1	18	22.76	27
chu1	19	21.78	25
gua1	18	21.62	25
kun1	20	24.47	28
lha1	19	23.34	29
sha1	19	22.18	24
wuh1	21	24.37	28
xia1	18	21.84	25
平均值	19	22.80	26

表 3-2　8 个 IGMAS 站 BDS DOP 值统计　　　　单位：m

测站	最小值	均值	最大值
bjf1	1.188	1.497	2.299
chu1	1.072	1.456	2.299
gua1	1.023	1.434	2.539
kun1	1.007	1.291	1.845
lha1	1.148	1.424	1.961
sha1	1.180	1.488	2.217
wuh1	1.116	1.400	2.058
xia1	1.201	1.507	2.272
平均值	1.117	1.437	2.186

从表 3-1 和表 3-2 可以看出：

①中国境内 8 个 IGMAS 站 BDS 可见卫星数最小值平均数为 19 颗。完全能够满足 RAIM 可用性评估计算所需的 5 颗可见卫星的要求。

②DOP 值最小值、平均值和最大值的平均数分别为 1.117、1.437、2.186，体现了 BDS 卫星在中国境内具有很好的空间分布。

③经过统计，BDS 的平均可见星中，BDS-2 卫星有 11.21 颗，BDS-3 卫星有 11.58 颗。

目前 BDS 在中国的定位精度为 5 m 左右。保守起见，将 σ_0 设置为 8 m，P_{MD} 设置为 10^{-3}，P_{FA} 设置为 10^{-5}；利用两种方法中式（3-1）和式（3-2）分别计算出 BDS 双星故障的 HPL 值。基于两种方法得出的 8 个 IGMAS 站的 HPL 值见表 3-3，包括 HPL 的最小值、最大值和平均值。

表 3-3　两种方法计算的 HPL 值统计结果　　　　单位：m

测站	可用性评估极大值法			矩阵最大特征值法		
	最小值	均值	最大值	最小值	均值	最大值
bjf1	18.583	34.337	81.177	21.834	31.512	53.509
chu1	14.077	29.000	58.817	16.158	30.121	48.272
gua1	17.590	38.928	256.470	17.298	30.550	50.598
kun1	19.185	35.538	95.794	19.526	28.868	38.190
lha1	20.457	41.865	290.915	23.799	31.484	44.094
sha1	19.455	34.257	99.428	22.609	31.033	45.380
wuh1	20.386	29.906	107.825	22.839	29.186	40.914
xia1	19.917	32.447	54.495	23.218	30.298	45.482
平均值	18.706	34.534	130.615	20.910	30.381	45.804

从以上结果可以得出：

①对比上述表 3-3 中两种方法 HPL 时间序列，大部分历元 HPL 值相符得很好，HPL 平均值的差值最大为 4 m 左右。整体上，MMEM 计算的 HPL 值整体上小于 MM 计算的 HPL，表明 MMEM 可用性略高，差异主要是算法的不同引起的。

②利用 MM 求解的 8 个 IGMAS 站中 HPL 的最小值和最大值分别为 14.077 m 和 290.915 m，而 8 个站 HPL 最小值、平均值和最大值的平均值分别为 18.706 m、34.534 m、130.615 m。

③对应的 MMEM 求解的 HPL 最小值和最大值分别为 16.158 m 和 53.509 m，而 8 个站的 HPL 最小值、平均值和最大值的平均值分别为 20.910 m、30.381 m、45.804 m。

④从绘制的图和表中发现，在中国区域，双星故障条件下的 HPL 值的空间分布也不同，表明 RAIM 可用性与地理位置相关。

两种方法的计算时间比较如表 3-4 所示。

表 3-4　两种方法的计算时间比较　　　　单位：s

测站	计算时间	
	可用性评估极大值法	矩阵最大特征值法
bjf1	3.188	0.460
chu1	3.283	0.973
gua1	1.632	0.503
kun1	1.708	0.503
lha1	1.886	0.689
sha1	1.629	1.170
wuh1	2.428	0.995
xia1	1.517	0.670
平均值	2.159	0.745

对比两种方法的计算时间，MM 和 MMEM 的平均计算时间分别为 2.159 s 和 0.745 s，MMEM 比 MM 花费的计算时间少。

飞机在飞行阶段包含非精密进近 NPA、终端、本土航路和远洋航路 4 个飞行阶段，其 4 个阶段的 HAL 分别为 555.6 m、1852 m、5556 m、7408 m。基于两种方法得到双星故障条件下的 HPL 值，根据每个测站计算出观测历元中各个阶段的可用性百分比，再将 8 个测站的可用性比值平均，得到每个阶段的可用性结果，见表 3-5。

表 3-5　单星和双星故障条件下 RAIM 可用性统计结果

飞行阶段	水平告警限值/m	可用性百分比/%	
		可用性评估极大值法	矩阵最大特征值法
NPA	555.6	100	100
终端	1852	100	100
航路	5556	100	100
远洋	7408	100	100

从表 3-5 得出：

①MM 和 MMEM 计算的 RAIM 可用性百分比在 4 个阶段都达到了 100%。

②结合前面计算的 HPL 值可知，虽然可用性都达到了 100%，但 MMEM 可用性要好于 MM 的计算结果。

本书从两颗卫星存在故障的前提条件出发，在总结已有的最大特征值计算 RAIM 可用性方法的基础上，提出了 RAIM 可用性评估的极大值方法，并以 2020 年 9 月 6 日 8 个 IGMAS 连续跟踪站的 BDS 数据为例，比较和分析了中国境内 HPL 的变化及 RAIM 可用性情况，表明中国境内的可见卫星数和 DOP 完全能够满足可用性计算的需求。最新中国境内的 BDS 可以观测到至少 19 颗可见卫星，DOP 值最大为 2.186。这些为可用性计算和未来的故障监测提供了丰富的数据源；MMEM 计算的 8 个 IGMAS 站 HPL 的平均值略小于 MM 计算的 HPL，且耗费计算时间也小于 MMEM，说明 MMEM 比 MM 计算的 RAIM 可用性更高。虽然计算结果略差于极大值方法，不失为另外一种计算 RAIM 可用性的方法；RAIM 可用性计算涉及参数的给定，不同的参数初值会对 RAIM 可用性有不同的评估结果，参数的取值应该引起重视；为了提升双星故障的 RAIM 可用性，同时考虑到两颗卫星发生故障的概率要比单颗卫星低，在不影响 RAIM 完好性的前提下，建议通过增加漏检概率来提高双星故障的可用性。

3.2.2　多星故障的 RAIM 可用分析

1. 多故障的 RAIM 可用性评估的通用模型

已有的 RAIM 可用性评估方法如最小二乘残差法、卡尔曼滤波等对单故障的可用性评估具有较好的性能。但在复杂环境下的北斗/GNSS 基准站精密定位中，在一个系统或多个星座中出现多卫星故障的概率大大增加。现有的 RAIM 和 ARAIM 可用性评估算法是基于单星故障或双星故障，而针对不同的故障情况需要不同的评估模型，它忽略了 GNSS 中多星故障的可能性。此外，目前还没有统一的 RAIM 可用性评估模型。在此基础上，项目提出了一种适用于单星、双星和多星情况的通用 RAIM 可用性评估模型。该模型利用二次型矩阵的最大特征值定律，构造了北斗/GNSS 观测误差的二次型矩阵多故障 RAIM 可用性评估模型。并基于全球 332 个国际 GNSS 服务（IGS）站点的 BDS 观测数据和星历文件，对提出的通用模型的 BDS RAIM 可用性进行了性能分析。

（1）RAIM 平差数学模型

当给定观测向量的权矩阵为 P 时，未知参数 x 的最小二乘解 $\hat{x}$ 为：

$$\hat{x} = (G^T P G)^{-1} G^T P y = (G^T P G)^{-1} G^T P (Gx + \varepsilon) = x + (G^T P G)^{-1} G^T P \varepsilon$$

$$(3-31)$$

式中：G 为误差方差的系数矩阵；y 为观测量；ε 为测量噪声。

因此，观测值的残差向量（$\hat{v}$）为：

$$\hat{v} = y - G\hat{x} = Gx + \varepsilon - G(x + (G^T P G)^{-1} G^T P \varepsilon) = (I - G(G^T P G)^{-1} G^T P) \varepsilon$$

$$(3-32)$$

其中：

$$\begin{cases} Q = P^{-1} - G(G^T P G)^{-1} G^T \\ A = (G^T P G)^{-1} G^T P \\ B = G(G^T P G)^{-1} G^T P \end{cases}$$

$$(3-33)$$

则定位误差（Δx）与其加权平方和（$\hat{v}^T P \hat{v}$）为：

$$\begin{cases} \Delta x = \hat{x} - x = A\varepsilon \\ \hat{v} = (I - B)\varepsilon \\ \hat{v}^T P \hat{v} = \varepsilon^T P (I - B) \varepsilon = \varepsilon^T P Q P \varepsilon \end{cases}$$

$$(3-34)$$

从式（3-34）中可以看出，Δx、$\hat{v}$、$\hat{v}^T P \hat{v}$ 与 ε 存在函数关系。因此，这 3 个向量可以直接反映观测误差的信息，可以作为构造检验统计量的基础。

（2）检验统计量的构建

一般 ε 服从均值为零的总体正态随机分布，对角分量的协方差矩阵表示为 σ_0^2。根据统计理论，$\hat{v}^T P \hat{v} / \sigma_0^2$ 服从自由度为（$m-4$）的卡方分布（χ^2），当观测值存在偏差时，$\hat{v}^T P \hat{v} / \sigma_0^2$ 服从自由度为（$m-4$）的非中心参数（λ）的非中心卡方分布。因此，基于 $\hat{v}^T P \hat{v} / \sigma_0^2$ 分布特性可以检测出故障卫星。

在导航定位过程中，检验统计量（T）一般取为：

$$T = \sqrt{\hat{v}^T P \hat{v} / (m-4)}$$

$$(3-35)$$

式中 T 的监测阈值（T_D）确定如下：

若存在多个卫星故障，将故障卫星引起的伪距偏差向量设为 b，则有 $\varepsilon \sim N$

$(\boldsymbol{b}, \sigma_0^2 \boldsymbol{P}^{-1})$。是否有一颗或多颗卫星出现故障等同于 $\boldsymbol{b}$ 是否为零矢量。我们可以做如式（3-36）所示假设检验：

$$
\begin{cases}
H_0: E(\varepsilon)=0, & \dfrac{\hat{\boldsymbol{v}}^{\mathrm{T}}\boldsymbol{P}\hat{\boldsymbol{v}}}{\sigma_0^2} \sim \chi^2(m-4) \\[3mm]
H_1: E(\varepsilon)\neq 0, & \dfrac{\hat{\boldsymbol{v}}^{\mathrm{T}}\boldsymbol{P}\hat{\boldsymbol{v}}}{\sigma_0^2} \sim \chi^2(m-4, \lambda)
\end{cases}
\tag{3-36}
$$

式中：H_0 为零假设。当没有故障卫星时，H_0 保持不变，即 $\boldsymbol{b}=0$。当 y 中含有粗差 $\boldsymbol{b}$ 时，H_1 是一个备选假设，此时 $\boldsymbol{b}\neq 0$。

由于算法的原因，故障检测和识别可能会被误判或遗漏。当不存在故障时，概率密度表示为 $f_{\chi^2_{m-4}(x)}$。当系统处于正常状态，无故障时，如果系统发出告警，则为虚警 FA（false alarm）。反之，当存在故障时，概率密度表示为 $f_{\chi^2_{m-4, \lambda}(x)}$。当发生故障时，如果系统不发出告警，则称为漏检 MD（miss detection）。FA 概率（P_{FA}）和 MD 概率（P_{MD}）可以表示为：

$$
\begin{cases}
P_{\mathrm{FA}} = P\left(\dfrac{\hat{\boldsymbol{v}}^{\mathrm{T}}\boldsymbol{P}\hat{\boldsymbol{v}}}{\sigma_0^2} > \alpha^2\right) = \displaystyle\int_{\alpha^2}^{\infty} f_{\chi^2_{m-4}}(x)\,dx \\[4mm]
P_{\mathrm{MD}} = P\left(\dfrac{\hat{\boldsymbol{v}}^{\mathrm{T}}\boldsymbol{P}\hat{\boldsymbol{v}}}{\sigma_0^2} < \alpha^2\right) = \displaystyle\int_{0}^{\alpha^2} f_{\chi^2_{(m-4, \lambda)}}(x)\,dx
\end{cases}
\tag{3-37}
$$

α^2 由式（3-37）确定。如果 $T<T_D$，表示系统无故障，否则表示系统有故障。

2. RAIM 可用性评估通用模型

故障监测和识别是 RAIM 的两项主要任务。然而，卫星故障的 RAIM 算法受到可见卫星数量和卫星几何分布的影响。因此，首先需要根据性能指标对目前可见卫星的几何分布进行评估，确定其是否适合进行完好性监测，即 RAIM 算法是否可用。

（1）通用计算模型

目前的 RAIM 算法只支持横向导航（LNAV）制导，在航空阶段仍然不具备垂直导航能力，这里只讨论 HPL。在评估 RAIM 可用性时，需要构建水平定位误差（HPE）或 HAL 的计算模型。以下我们推导多卫星故障时 HPE 的计算公式。

根据相关文献，当存在一个或多个卫星故障时（H1 情况），$\varepsilon \sim N(\boldsymbol{b}, \sigma_0^2 \boldsymbol{P}^{-1})$，$\hat{\boldsymbol{v}}^{\mathrm{T}}\boldsymbol{P}\hat{\boldsymbol{v}}/\sigma_0^2$ 服从自由度为 $(m-4)$ 非中心分布，即：

$$
\lambda = E(\boldsymbol{v}^{\mathrm{T}}\boldsymbol{P}\boldsymbol{v})/\sigma_0^2 = \boldsymbol{b}^{\mathrm{T}}\boldsymbol{P}\boldsymbol{Q}\boldsymbol{P}\boldsymbol{b}/\sigma_0^2
\tag{3-38}
$$

根据 $\varepsilon \sim N(\boldsymbol{b}, \sigma_0^2 \boldsymbol{P}^{-1})$ 和式（3-34），我们可以得到 $\Delta x \sim N((\boldsymbol{G}^{\mathrm{T}}\boldsymbol{P}\boldsymbol{G})^{-1}\boldsymbol{G}^{\mathrm{T}}\boldsymbol{P}\boldsymbol{b}$，

$\sigma_0^2(\boldsymbol{G}^\mathrm{T}\boldsymbol{PG})^{-1})$。水平方向的 HPE 为：

$$\begin{bmatrix} \delta E \\ \delta N \end{bmatrix} = \begin{bmatrix} 1 & 0 & 0 & 0 \\ 0 & 1 & 0 & 0 \end{bmatrix} (\boldsymbol{G}^\mathrm{T}\boldsymbol{PG})^{-1}(\boldsymbol{G}^\mathrm{T}\boldsymbol{Pb}) \tag{3-39}$$

在此例中，HPE 是未知向量 $\boldsymbol{b}$ 的函数，HPE 的平方(HPE^2)为：

$$HPE^2 = (\delta E)^2 + (\delta N)^2 = \boldsymbol{b}^\mathrm{T}\boldsymbol{PG}(\boldsymbol{G}^\mathrm{T}\boldsymbol{PG})^{-1}\begin{bmatrix} \boldsymbol{I}_{2\times2} & \boldsymbol{0}_{2\times2} \end{bmatrix}(\boldsymbol{G}^\mathrm{T}\boldsymbol{PG})^{-1}(\boldsymbol{G}^\mathrm{T}\boldsymbol{Pb})$$

$$\tag{3-40}$$

设 $\boldsymbol{M} = \boldsymbol{G}(\boldsymbol{G}^\mathrm{T}\boldsymbol{PG})^{-1}\begin{bmatrix} \boldsymbol{I}_{2\times2} & \boldsymbol{0}_{2\times2} \end{bmatrix}(\boldsymbol{G}^\mathrm{T}\boldsymbol{PG})^{-1}\boldsymbol{G}^\mathrm{T}$。可以推导出 $\boldsymbol{M}$ 是实对称矩阵，使得 HPE 的平方可以表示为未知向量 $\boldsymbol{b}$ 的二次形式，即

$$HPE^2 = (\delta E)^2 + (\delta N)^2 = \boldsymbol{b}^\mathrm{T}\boldsymbol{PMPb} \tag{3-41}$$

利用式(3-38)，式(3-41)可变换为：

$$HPE = \sqrt{\lambda} \cdot \sqrt{\frac{\boldsymbol{b}^\mathrm{T}\boldsymbol{PMPb}}{\boldsymbol{b}^\mathrm{T}\boldsymbol{PQPb}/\sigma_0^2}} \tag{3-42}$$

通过一些基本的数学运算，式(3-42)可以进一步写成：

$$HPE = \sigma_0\sqrt{\lambda} \cdot \sqrt{\frac{\tilde{\boldsymbol{b}}^\mathrm{T}\boldsymbol{PMP}\tilde{\boldsymbol{b}}}{\tilde{\boldsymbol{b}}^\mathrm{T}\boldsymbol{PQP}\tilde{\boldsymbol{b}}}} \tag{3-43}$$

式中：$\tilde{\boldsymbol{b}} = \boldsymbol{b}/\|\boldsymbol{b}\|$，而且 $\|\tilde{\boldsymbol{b}}\| = 1$。

为了最大化式(3-43)中的 HPE，需要分别最大化第二个平方根内的分子和最小化分母。根据二次型 $f = \tilde{\boldsymbol{b}}^\mathrm{T}\boldsymbol{PM}\tilde{\boldsymbol{b}}$ 在 $\|\tilde{\boldsymbol{b}}\| = 1$ 时的最大值等于实对称矩阵的最大特征值，二次型 $f = \tilde{\boldsymbol{b}}^\mathrm{T}\boldsymbol{PQP}\tilde{\boldsymbol{b}}$ 在 $\|\tilde{\boldsymbol{b}}\| = 1$ 的最小值等于实对称矩阵的最小特征值的原理，当一个观测历元内存在不同数量的故障时，式(3-43)有不同的形式，可以体现在单星、双星和三星故障的 HPL 计算步骤中。

HPE 的最大值为 HPL：

$$HPL = \max(HPE) = \sigma_0 \cdot \sqrt{\lambda} \cdot \sqrt{\frac{\max[\mathrm{eig}(\boldsymbol{PMP})]}{\min[\mathrm{eig}(\boldsymbol{PQP})]}} \tag{3-44}$$

式中：$\max[\mathrm{eig}(\boldsymbol{PMP})]$ 为 $\boldsymbol{PMP}$ 的最大特征值；$\min[\mathrm{eig}(\boldsymbol{PQP})]$ 为 $\boldsymbol{PQP}$ 的最小特征值。式(3-44)为计算 HPL 的通用公式。

（2）单星、双星和三星故障的 HPL 计算步骤

上面详细推导了 HPL 计算的一般模型。从推导过程来看，该模型理论严谨，适用性强，适用于多卫星故障的 RAIM 可用性评估。为了详细展示单星、双星和三星故障条件下的 HPL 计算公式，下面给出了 3 种情况下的 HPL 计算过程。

①单星故障 HPL 计算过程。

假设第 i 个观测值存在一个故障，$b_i \neq 0$，则 $\boldsymbol{b}$ 中的其他元素均为 0，$\boldsymbol{b}$ 可

表示为 $\boldsymbol{b} = (0 \quad 0 \quad \cdots \quad b_i \quad \cdots \quad 0)^{\mathrm{T}}$。由于我们不知道哪颗卫星有偏差，我们需要在每个历元进行 C_m^1 次组合计算，以确定 $\boldsymbol{PMP}$ 和 $\boldsymbol{PQP}$ 的最大和最小特征值。单星故障 HPL 计算公式为：

$$HPL_{\text{single}} = \sigma_0 \cdot \sqrt{\lambda} \cdot \sqrt{\frac{\max(\text{eig}(\boldsymbol{PMP})_{\text{single}\times\text{single}})}{\min(\text{eig}(\boldsymbol{PQP})_{\text{single}\times\text{single}})}}$$

$$= \sigma_0 \cdot \sqrt{\lambda} \cdot \sqrt{\frac{\max((\boldsymbol{PMP})_{\text{single}\times\text{single}})}{\min((\boldsymbol{PQP})_{\text{single}\times\text{single}})}} \quad (3\text{-}45)$$

$$(\boldsymbol{PMP})_{\text{single}\times\text{single}} = \boldsymbol{PMP}(i, i) \quad i = 1, 2, \cdots, m \quad (3\text{-}46)$$

$$(\boldsymbol{PQP})_{\text{single}\times\text{single}} = \boldsymbol{PQP}(i, i) \quad i = 1, 2, \cdots, m \quad (3\text{-}47)$$

式中：$(\boldsymbol{PMP})_{i,i}$ 和 $(\boldsymbol{PQP})_{i,i}$ 分别表示 $\boldsymbol{PMP}$ 和 $\boldsymbol{PQP}$ 的第 i 行和第 i 列元素。

②双星故障 HPL 计算过程。

假设 $\boldsymbol{b}$ 中的第 i 次和第 j 次观测同时出现偏差，则双星故障的 HPL 计算公式为：

$$HPL_{\text{dual}} = \sigma_0 \cdot \sqrt{\lambda} \cdot \sqrt{\frac{\max(\text{eig}(\boldsymbol{PMP})_{\text{dual}\times\text{dual}})}{\min(\text{eig}(\boldsymbol{PQP})_{\text{dual}\times\text{dual}})}} \quad (3\text{-}48)$$

式中：

$$(\boldsymbol{PMP})_{\text{dual}\times\text{dual}} = \begin{bmatrix} \boldsymbol{PMP}(i, i) & \boldsymbol{PMP}(i, j) \\ \boldsymbol{PMP}(j, i) & \boldsymbol{PMP}(j, j) \end{bmatrix} \quad i \neq j, \ i = 1, 2, \cdots, m; \ j = 1,$$

$$2, \cdots, m \quad (3\text{-}49)$$

$$(\boldsymbol{PQP})_{\text{dual}\times\text{dual}} = \begin{bmatrix} \boldsymbol{PQP}(i, i) & \boldsymbol{PQP}(i, j) \\ \boldsymbol{PQP}(j, i) & \boldsymbol{PQP}(j, j) \end{bmatrix} \quad i \neq j, \ i = 1, 2, \cdots, m; \ j = 1,$$

$$2, \cdots, m \quad (3\text{-}50)$$

为了得到 $\boldsymbol{PMP}$ 的最大特征值和 $\boldsymbol{PQP}$ 的最小特征值，需要进行 C_m^2 次重复计算。

③三星故障 HPL 计算过程。

当 $\boldsymbol{b}$ 中存在 3 个以上卫星故障时，假设第 i 次、第 j 次、第 k 次观测值在一个历元内有偏差，对应的 HPL 计算公式为：

$$HPL_{\text{tripe}} = \sigma_0 \cdot \sqrt{\lambda} \cdot \sqrt{\frac{\max(\text{eig}(\boldsymbol{PMP})_{\text{tripe}\times\text{tripe}})}{\min(\text{eig}(\boldsymbol{PQP})_{\text{tripe}\times\text{tripe}})}} \quad (3\text{-}51)$$

$$(\boldsymbol{PMP})_{\text{tripe}\times\text{tripe}} = \begin{bmatrix} \boldsymbol{PMP}(i, i) & \boldsymbol{PMP}(i, j) & \boldsymbol{PMP}(i, k) \\ \boldsymbol{PMP}(j, i) & \boldsymbol{PMP}(j, j) & \boldsymbol{PMP}(j, k) \\ \boldsymbol{PMP}(k, i) & \boldsymbol{PMP}(k, j) & \boldsymbol{PMP}(k, k) \end{bmatrix} \quad (3\text{-}52)$$

$$i \neq j \neq k, \ i = 1, 2, \cdots, m; \ j = 1, 2, \cdots, m; \ k = 1, 2, \cdots, m$$

$$(PQP)_{tripe \times tripe} = \begin{bmatrix} PQP(i, i) & PQP(i, j) & PQP(i, k) \\ PQP(j, i) & PQP(j, j) & PQP(j, k) \\ PQP(k, i) & PQP(k, j) & PQP(k, k) \end{bmatrix} \tag{3-53}$$

$i \neq j \neq k$, $i = 1, 2, \cdots, m$；$j = 1, 2, \cdots, m$；$k = 1, 2, \cdots, m$

如果有 3 个卫星故障，我们需要通过式（3-51）在每个历元进行 C_m^3 重复计算。

3. 数据处理分析

为了验证通用模型的适用性，分析最新北斗卫星导航系统的全球 RAIM 可用性，我们选取了 332 个 IGS 站点在 2021 年 3 月 24 日的北斗卫星导航系统的观测数据和相应的星历文件，对单星、双星和三星故障下的全球最新 RAIM 可用性进行评估。

（1）数据来源与处理策略

全球 332 个 IGS 站点分布如图 3-4 所示。自编程序首先计算截止高度角在 5°以上的 BDS 卫星的可见数和 GDOP 值，然后分别计算这些 IGS 站在单星、双星和三星故障条件下的 *HPL*。最后，利用 Matlab 中的插值函数获得北斗系统的 RAIM 可用性。

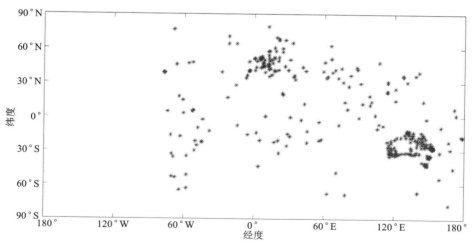

图 3-4　全球 332 个 IGS 站点分布（ ∗ 为 IGS 站点位置）

采用的数据处理策略简述如下：

①星历文件提供每小时发布的北斗卫星轨道参数、卫星时钟误差参数和卫

星状态信息。每日全球星历文件可从 IGS 网站下载。

②为了充分利用可见卫星的观测数据，考虑到可能无法获得双频或三频数据，采用北斗系统单频观测数据进行评估。

③观测值定权采用高度角模型。在确定权重时，考虑了北斗系统中 3 种异构卫星的差异，GEO 与 IGSO+MEO 卫星的权重比设为 1∶5。

④电离层延迟改正采用基于 BDS 单频观测数据的 Klobuchar 模型（BDS K8 模型）。模型中的 8 个参数是利用全球 GNSS 星历文件得到的。对流层延迟采用 Saastamoinen 模式进行改正。

⑤将接收机每一历元的时钟误差作为未知参数，吸收接收机的硬件延迟。

⑥在数据处理中忽略其他误差（如星历误差、地球固体潮）对定位精度的影响。

（2）可见卫星数和 GDOP 值统计

基于 2021 年 3 月 24 日 332 个 IGS 站点的观测文件和星历文件，从绘制的截止角大于 5° 的 BDS 平均可见卫星的全球分布图中可以看出，北斗系统在全球的分布是不均衡的。例如，亚太地区的可见卫星较多，而南半球的可见卫星数量较少。此外，单个站点或区域的 BDS 平均可见卫星数量不足 4 颗（统计后共有 27 个站点），无法满足定位和完好性监测的要求。

从全球各站 BDS 平均 GDOP 值分布图发现，由于部分台站或地区的 BDS 可见卫星数量较少，个别台站或地区的 BDS GDOP 过大。表 3-6 给出了截止高度角为 5° 以上的所有站的平均可见卫星数和 GDOP 值。

表 3-6　BDS 全球可见卫星数与 GDOP 值统计

参数	最小值	均值	最大值
平均可见卫星数/颗	0	12.289	26.245
GDOP 值	2.776	8.090	189.271

从表 3-6 中可以看出：

①北斗系统可见卫星数平均值为 12.289 颗，最大值为 26.245 颗。对于大多数台站和地区，这些完全可以满足 RAIM 可用性计算所需的 5 颗可见光卫星的要求。当然，单个站点或地区的可见卫星数量可能少于 4 颗。

②全球 GDOP 最小值、平均值和最大值分别为 2.776、8.090 和 189.271，表明大多数站点或地区的 BDS 卫星总体上具有较好的空间分布。

③GDOP 值较大的台站与可见卫星数之间存在一定的关系，即可见卫星数

越少对应的 GDOP 值越大。

（3）基于 332 个 IGS 站的 RAIM 数据处理

在使用上述公式进行全球 RAIM 可用性计算时，需要给出几个参数的值。*HPL* 的计算结果与参数的初始值有一定的关系。目前，北斗系统在中国的定位精度为 5 m，在中国以外的定位精度为 10 m。因此，考虑到这两个区域的定位精度不同，将定位精度设为 8 m。此外，P_{MD} 设置为 10^{-3}，P_{FA} 设置为 10^{-5}，并将其设置为 95%。利用式（3-45）、（3-48）和式（3-51）计算全球 332 个 IGS 站在单星、双星和三星故障条件下所有历元的 *HPL* 值。

飞机的飞行阶段包括航路（海洋/大陆低密度）、航路（大陆）、终端、非精密进近（NPA）4 个飞行阶段，4 个阶段的高度分别为 7408 m、3704 m、1852 m 和 555.6 m。因此，以下 *HPL* 分布图中的尺度均以这 4 种 HALs 为刻度。表 3-7 给出了全球 332 个 IGS 站在 3 种不同类型故障条件下的 *HPL* 平均值的最小值、平均值和最大值。

表 3-7　BDS *HPL* 统计　　　　　　　　　　　　单位：m

故障类型	最小值	均值	最大值
单星故障	85.190	6218.053	>7408
双星故障	306.501	>7408	>7408
多星故障	>7408	>7408	>7408

从表 3-7 的统计结果可以得出以下结论：

①各测站所有历元在单星、双星和三星故障条件下的平均 *HPL* 最小值分别为 85.190 m、306.501 m 和（>7408）m，说明双星故障的 *HPL* 值大于单星故障，三星故障的 *HPL* 值大于双星故障。

②根据 *HPL* 的大小，可以判断双星故障时的 RAIM 可用性低于单星故障，双星故障时的 RAIM 可用性低于三星故障。

③从绘制的 332 个站点的全球平均 *HPL* 分布图可以看出，全球 *HPL* 值不仅与时间有关，而且在全球空间分布上也存在差异，说明 RAIM 有效性与地理位置有关。

④由式（3-38）至（3-53）的推导可知，RAIM 中 *HPL* 的计算涉及一些参数的初始值。不同的参数初始值导致不同的 *HPL* 值。RAIM 可用性计算与参数的初始值有一定的关系。

（4）全球 RAIM 可用性统计

将上述 3 种故障情况下计算出的 *HPL* 值与 HAL 值进行比较，计算出每个站点的 RAIM 可用性百分比，然后将所有站点的百分比求平均值，得到 4 个阶段的 RAIM 可用性，如表 3-8 所示。

表 3-8　3 种故障情况下 RAIM 可用性百分比统计

飞行阶段	水平告警限值/m	可用性百分比/%		
		单星故障	双星故障	三星故障
航路(海洋/大陆低密度)	7408	93.146	74.848	67.576
航路(大陆)	3704	87.720	70.303	66.667
航路(终端)	1852	86.916	66.364	61.515
非精确进近	555.6	78.193	13.636	3.333

从表 3-8 可以得到三条重要信息：

①单星故障条件下 4 个阶段的全球 RAIM 可用性分别为 93.146%、87.720%、86.916%、78.193%，双星故障时的 RAIM 可用性分别为 74.848%、70.303%、66.364%、13.636%，三星故障时的 RAIM 可用性分别为 67.576%、66.667%、61.515%、3.333%。

②总体而言，三星故障的 RAIM 可用性低于双星故障，双星故障的 RAIM 可用性低于单星故障。这与之前的结论是一致的。

③在全球范围内，RAIM 的可用性不能完全满足 4 个阶段的要求。对于单星、双星和三星断层，在航路(海洋/大陆低密度)阶段，RAIM 可用性最高，在 NPA 阶段最低。

3.2.3　BDS ARAIM 可用性 IGMAS 评估

BDS 与 GNSS、俄罗斯全球导航卫星系统 GLONASS 和欧盟的全球卫星导航系统 GALILEO 兼容共享，它是中国自主建设、独立运行的全球卫星导航系统。BDS 于 2020 年 7 月 31 日建成，现阶段已开始为全球区域提供更加可靠、精确的定位和导航服务。随着第三代 BDS 的逐步发展和完善，航空用户在飞机精密进近和着陆阶段使用 BDS 来确保安全已经成为可能。实践证明，接收机端自主完好性监测 RAIM 对于水平保护具有一定的优势，但不能满足垂直保护能力的要求。RAIM 通常只满足横向导航 LNAV 对完好性性能的要求。因此，2008 年

GNSS 演进架构研究 GEAS 小组提出了高级 ARAIM，与 RAIM 相比，ARAIM 能够满足垂直引导的定位器性能 LPV 的完好性监测要求。所需的导航性能 RNP 能引导至地面 200 英尺(60 m)，即 LPV-200 阶段。到目前为止，ARAIM 算法的研究还处于探索阶段。根据其数据处理算法的不同，可分为载波相位 CRAIM、相对 RRAIM 和多假设解分离 MHSS 3 种算法。完好性支持信息 ISM 参数可以直接反映空间卫星的服务性能和潜在故障概率，是实现 ARAIM 的核心要素之一。Blanch 等(2012)详细解释了 ISM 内容的信息，传统的 MHSS 将 ISM 中的危险误导信息概率 PHMI 和误警概率 P_{FA} 平均分配给每个假设的故障模式，导致 ARAIM 可用性计算保守且耗时。为此，许多学者对其进行了优化。为了降低计算复杂度和提高计算效率，GEAS 第二阶段报告采用改进垂直保护级别 VPL 方程来提高 ARAIM 的计算效率。Jiang 等(2014)提出了一种 VPL 的优化程序。Chen 等(2015)建议将危险误导信息概率 PHMI 分配给最困难的故障模式并最小化 VPL；或在 MHSS 计算中使用部分卫星而不是所有卫星来提高 VPL 的计算效率。MHSS 算法涉及在 ARAIM 中选择故障卫星的子集，Blanch 等(2018)固定子集选择以降低高级 ARAIM 复杂性。也有学者将基于完好性支持信息(ISM)参数的新选星方法与位置几何精度衰减因子 GDOP 进行了比较，以尽量减少 VPL 的损失；或利用卫星子集解与 PDOP 变化的关系，提出了一种使用一个子集代替多个子集来减少子集数量的方法。

很多学者对 ARAIM 可用性评估参数的影响进行了分析。Khanafseh 等(2014)引入了一种地面监测架构，用于验证 ARAIM 航空的 ISM 参数的有效性，认为卫星故障的先验概率(psat)对 ARAIM 最有效。El-Mowafy 等(2016)基于完好性支持信息参数，如截止高度角、用户测距精度 URA、用户测距误差 URE 和标称偏差，计算保护级别灵敏度分析的完整性和准确性。Shi 等(2020)的研究表明，ISM 中 URA 对 ARAIM 可用性的影响最为明显。Lv 等(2017)测试结果表明，基于 GNSS/GLONASS/BDS 的 ARAIM 可以提供 LPV-200 服务能力，覆盖率在世界大部分地区达到 99.79%。Zhao 等(2020)研究了全球不同频率和不同组合下 GNSS 的保护水平和 RAIM 可用性。Wang 等(2018)使用优化参数和实际参数分析了亚太地区的 ARAIM 可用性，得出 BDS 可以在 LPV-200 中提供 90% 的可用性阶段，GNSS 和 BDS 在亚太地区的可用性更好的结论。

随着 2020 年 7 月 30 日 BDS 向全球提供服务，利用最新的 BDS 观测数据，分析 BDS 在全球中的 ARAIM 可用性迫在眉睫。为此，本书利用 2019 年 9 月 6 日 IGMAS 中 24 个 BDS 站的观测数据及星历文件，依据 GEAS 报告中给出的完好性风险参数和 ISM 中参数的初值，采用 MHSS 算法中迭代方法获得了 BDS 在 LPV-200 阶段的全球 ARAIM 可用性。

1. ARAIM 导航要求

ARAIM 旨在实现全球 LPV-200 服务。当 VPL 小于垂直报警极限(vertical alarm limit, VAL)时,表示 ARAIM 算法在 LPV-200 阶段可用。LPV-200 的完好性要求如下。

GEAS 第二阶段报告组中对 LPV-200 的性能要求:

①误警概率(P_{FA})要求。对于 LPV-200,GEAS 根据 ICAO 连续性风险要求规定 P_{FA} 每 15 s 不超过 $4×10^{-6}$。

②危险误导信息概率(PHMI)。当垂直位置误差(vertical position error, VPE)大于 VPL 且时间长于警报时间时存在 PHMI。对于 LPV-200,GEAS 要求每个精密进近阶段的 PHMI 不得超过 10^{-7}。

③有效监测阈值(effective monitor threshold, EMT)。EMT 是 LPV-200 对垂直位置误差的附加要求。它基于运行试验,表明在垂直精度和完好性的正常要求之外需要额外的要求。

④VPE 的第 95 个百分位精度。LPV-200 的 95% 垂直精度要求为 4 m。传统的 RAIM 没有特定的精度要求,因为 GNSS 为其通过 LNAV 进近应用的航路提供了足够的精度裕度。

ARAIM 中需要 ISM 为其提供地面支持并反映 GNSS 星座性能。GEAS 的第二阶段报告建议在 ARAIM 中使用 ISM。ISM 主要包括:

①用户距离误差 URE。URE 是时钟/星历误差范围分量的非完好性保证标准偏差,用于评估准确性和连续性性能。

②用户距离精度(user ranging accuracy, URA)。URA 主要用于评估完好性检测功能的可用性。它是无故障条件下误差分布的标准偏差,一般 URA 的取值是 URE 的 2 倍。

③测距偏差。GEAS 分析基于标称条件下的标准偏差幅度(b_{nom})和最大偏差幅度(b_{max})。b_{nom} 用于评估准确性和连续性。而 b_{max} 用于完好性评估。最大偏差量级只有在无故障条件下才是最大值。

④机载测量误差。用户接收机的测量误差包括对流层误差、多路径误差和用户接收机噪声。这些误差都有具体的数学模型,具体可参考 GEAS 阶段报告文献。

⑤卫星故障概率(P_{sat})。在某些状态下,最大和标称偏差、URE 和 URA 的组合可能无法很好地描述卫星。它可能有更大的偏差或更大的错误概率。

⑥星座故障概率(P_{const})。由于一个共同的原因,一个错误也有可能导致一个星座内的多颗卫星出现故障。

ARAIM 通过保证 PHMI 去满足某一飞行阶段的完整性直接根据特定飞行阶段对导航系统完好性的要求计算保护级别，即 ARAIM 的算法主要包括新颖的完整性算法、最优加权平均解算法和多假设解分离 MHSS。由于 MHSS 更容易实现而被 GEAS 工作组推荐使用。

MHSS 算法的实现基于子集的概念，即全可见星集合中排除掉某颗或某几颗卫星的卫星集合。全可见星解为使用全可见星集合定位的结果，子集解为子集卫星定位的结果。算法认为，在无故障情况下，全可见星解和所有的子集解应聚集一起。如果某颗卫星存在故障，则使用该故障卫星测量值的全可见星定位解和子集定位解将产生偏移，不含故障卫星的子集定位解将更接近飞机实际位置。通过对比各个子集解和全可见星解的距离即可判断是否存在故障。若所有子集解距离小于预设阈值，则认为无故障存在，若有子集解的距离超出阈值，则认为存在故障。从而采用排除算法，实现故障卫星的移除，最后确保至少有一组子集是由全部无故障卫星组成。

2. ARAIM 可用性的数学模型

GEAS 确定的所有候选架构都依赖于非电离层的双频伪距观测量。如果接收机 r 在时间 t 以频率 f_1 和 f_2 观测卫星 s 的伪距观测量分别为 R_1 和 R_2，则无电离层组合的伪距观测方程为：

$$\frac{R_1 f_1^2}{f_1^2 - f_2^2} - \frac{R_2 f_2^2}{f_1^2 - f_2^2} = \rho_r^s(t) + c\delta_r(t) - c\delta^s(t) + \Delta Trop_r(t) + \varepsilon(t) \quad (3-54)$$

式中：c 为光速；$\delta_r(t)$ 和 $\delta^s(t)$ 为卫星钟误差和接收机钟误差；$\Delta Trop_r(t)$ 是对流层延迟误差；$\varepsilon(t)$ 表示其他误差，如观测噪声和多径效应。

假设 W_{URA} 是所有可见卫星观测的权重矩阵。对于第 k 颗卫星，$W_{URA,\,k}$ 可以表示为 URA 的函数和用于完好性参数计算的机载误差模型。

$$W_{URA,\,k} = \frac{1}{URA_k^2 + \sigma_{user,\,k}^2 + \sigma_{trop,\,k}^2} \quad (3-55)$$

式中：$\sigma_{trop,\,k}^2$ 为对流层延迟的方差；$\sigma_{user,\,k}^2$ 为用户噪声的方差，包含航空多路径和接收机噪声，其数学模型为：

$$\sigma_{user,\,k} = \alpha \sqrt{\sigma_{noise,\,k}^2 + \sigma_{mp,\,k}^2} \quad (3-56)$$

$$\alpha = \sqrt{\left(\frac{f_1^2}{f_1^2 - f_2^2}\right)^2 + \left(\frac{f_2^2}{f_1^2 - f_2^2}\right)^2} \quad (3-57)$$

$$\sigma_{noise,\,k} = 0.15 + 0.43 \times \exp(-\theta/6.9) \quad (3-58)$$

$$\sigma_{mp,\,k} = 0.13 + 0.53 \times \exp(-\theta/10.0) \quad (3-59)$$

$$\sigma_{trop,k} = 0.12 \times \frac{1.001}{\sqrt{0002001 + (\sin(\theta))^2}} \tag{3-60}$$

式中：θ 为卫星高度角。如果卫星缺少 f_2 伪距，则使用 f_5 代替。通过上述模型，可以计算出伪距误差的协方差矩阵，从而确定用于评估完整性的 W_{URA}。

对于 n 颗卫星，W_{URA} 可以表示为：

$$W_{URA} = \text{diag}(W_{URA,1}, \cdots, W_{URA,k}, \cdots, W_{URA,n}) \tag{3-61}$$

对于 n 颗可见卫星，式(3-54)被线性化并表示为矩阵：

$$y = Gx + \varepsilon \tag{3-62}$$

式中：y 为消电离层组合的伪距观测值与线性化伪距近似值之间的差异；G 为设计矩阵，由接收机至卫星的方向余弦值和接收机钟差相关系数组成；x 为接收机或测站的位置及接收机钟误差；ε 为测量误差向量，一般假设 ε 中每个分量服从均值为零的高斯分布。

MHSS 的具体推导过程如下。

（1）全可见卫星解（$\hat{x}_0$）

使用最小二乘法，可以得到所有 n 颗全可见卫星的估计值 $\hat{x}_0$：

$$\hat{x}_0 = (G^T W_{URA} G)^{-1} G^T W_{URA} y = S_0 y \tag{3-63}$$

式中：S_0 为无故障条件下加权最小二乘投影矩阵。

（2）部分卫星解（$\hat{x}_k$）

当排除第 k 颗卫星时的估计值（$\hat{x}_k$）为：

$$\hat{x}_k = (G^T M_k W_{URA} G)^{-1} G^T M_k W_{URA} y = S_k y \tag{3-64}$$

式中：M_k 为第 k 个对角线元素为零的 $n \times n$ 维的单位矩阵；S_k 为假设第 k 颗卫星是故障卫星时得到加权最小二乘投影矩阵。

因此，第 k 颗卫星的检验统计量：

$$d_k = |\hat{x}_k - \hat{x}_0| \tag{3-65}$$

第 k 颗卫星的监测门限（D_k）为：

$$D_k = K_{ffd,k} \times \sigma_{dV,k} + \sum_{i=1}^{n} |\Delta S_k(3,i)| \times b_{\text{norm}}(i) \tag{3-66}$$

式中：$K_{ffd,k}$ 为当 $k=1,2,\cdots n$ 时以确定满足连续性要求；$\sigma_{dV,k}$ 为垂直方向 dV，k 的一个标准偏差，可由式(3-67)给出：

$$\left.\begin{array}{l} \Delta S_k = S_k - S_0 \\ \sigma_{dV,k} = \sqrt{dP_k(3,3)} \\ dP_k = \Delta S_k W_{\text{URE}}^{-1} \Delta S_k^T \end{array}\right\} \tag{3-67}$$

式中：W_{URE} 为一个对角线权重矩阵，它类似于 W_{URA}，但 W_{URE} 是基于 URE 和机

载误差模型，为连续性参数计算假设。对于第 k 个卫星，W_{URE} 为：

$$W_{URE, k} = \frac{1}{URE_k^2 + \sigma_{user, k}^2 + \sigma_{trop, k}^2} \tag{3-68}$$

有效监测门限（EMT）为：

$$EMT = \max\{D_k\} \tag{3-69}$$

假设总误差概率（P_{fa}）平均分配给 n 个可见卫星，则：

$$K_{ffd, k} = -Q^{-1}(P_{fa}/(2 \times n)) \tag{3-70}$$

式中：Q^{-1} 是标准正态累积分布函数的反函数。

比较检验统计量和监测阈值，如果 $d_k > D_k$，则存在卫星故障。

在 GEAS 的第三版报告中给出了 MHSS 算法中的迭代方法，其计算过程如下：

VPL 取无故障全集 VPL（VPL_0）和故障子集 VPL（VPL_k）的最大值，即

$$VPL = \max\{VPL_0, \max(VPL_k)\} \tag{3-71}$$

VPL_0 的值为：

$$VPL_0 = K_{md, 0} \times \sigma_{V, 0} + \sum_{I=1}^{n} |S_0(3, i)| \times b_{max}(i) \tag{3-72}$$

式中：$K_{md, 0}$ 在（3-71）中确定。

$$\sigma_{V, 0} = \sqrt{P_0(3, 3)} \tag{3-73}$$

$$P_0 = (G^T W_{URA} G)^{-1} \tag{3-74}$$

由于 VPL_0 是影响完好性的一项，因此 VPL_0 的第二项是在假设最大偏差量级的情况下计算的。

定义数字 3 代表垂直方向的分量，在排除第 k 颗卫星条件下 x 估计值的方差 $\sigma_3^{(k)2}$ 的计算方法为：

$$\sigma_3^{(k)2} = (G^T W^{(k)} G)_{3,3}^{-1} \tag{3-75}$$

在排除第 k 颗卫星的情况下，标称误差（$b_{nom, k}$）对位置解的影响为：

$$b_3^{(k)} = \sum_{i=1}^{N} |S_{3, i}^{(k)}| b_{nom}(i) \tag{3-76}$$

VPL 满足方程（3-77）：

$$2Q\left(\frac{VPL - b_3^{(0)}}{\sigma_3^{(0)}}\right) + \sum_{k=1}^{N_{faultmode}} P_{fault, k} Q\left(\frac{VPL - T_{k, 3} - b_3^{(k)}}{\sigma_3^{(k)}}\right) =$$

$$PHMI_{VERT}\left(1 - \frac{P_{sat, notmonitored} + P_{const, notmonitored}}{PHMI_{VERT} + PHMI_{HOR}}\right) \tag{3-77}$$

式中：$N_{faultmodes}$ 为故障模式总数；$PHMI_{HOR}$ 为完好性风险的横向分量；$PHMI_{VERT}$ 为完好性风险的垂直分量。

其中：

$$K_{fa,3} = Q^{-1}\left(\frac{P_{\text{FA\_VERT}}}{4N_{\text{faultmodes}}}\right) \qquad (3-78)$$

$$\sigma_{ss,3}^{(k)2} = \boldsymbol{e}_3^T\left(S_3^{(k)} - S_3^{(0)}\right)\boldsymbol{W}_{\text{URE}}^{-1}\left(S_3^{(k)} - S_3^{(0)}\right)^T\boldsymbol{e}_3 \qquad (3-79)$$

$$T_{k,3} = K_{fa,3}\,\sigma_{ss,3}^{(k)} \qquad (3-80)$$

式中：$\boldsymbol{e}_3$ 为向量；第 3 项为 1；其他项为 0；$P_{\text{FA\_VERT}}$ 为连续风险水平分量的概率。

式（3-80）中的 VPL 可以通过使用半间隔搜索求解式（3-81）来获得：

$$P_{\text{exceed}}(VPL) = PHMI_{\text{VERT, ADJ}} \qquad (3-81)$$

式中：

$$P_{\text{exceed}}(VPL) = 2Q\left(\frac{VPL - b_3^{(0)}}{\sigma_3^{(0)}}\right) + \sum_{k=1}^{N_{\text{faultmode}}} P_{\text{fault},k}\,Q\left(\frac{VPL - T_{k,3} - b_3^{(0)}}{\sigma_3^{(k)}}\right) \qquad (3-82)$$

$$PHMI_{\text{VERT, ADJ}} = PHMI_{\text{VERT}}\left(1 - \frac{P_{\text{sat, notmonitored}} + P_{\text{const, notmonitored}}}{PHMI_{\text{VERT}} + P_{\text{HOR}}}\right) \qquad (3-83)$$

该搜索可以分别从完好性风险的下限和上限开始，并由式（3-84）、式（3-85）给出：

$$VPL_{\text{low, init}} = \max \begin{cases} Q^{-1}\left(\dfrac{PHMI_{\text{VERT, ADJ}}}{2}\right)\sigma_3^{(0)} + b_3^{(0)} \\[2mm] \displaystyle\max_k Q^{-1}\left(\dfrac{PHMI_{\text{VERT, ADJ}}}{p_{\text{fault},k}}\right)\sigma_3^{(k)} + T_{k,3} + b_3^{(k)} \end{cases} \qquad (3-84)$$

$$VPL_{\text{up, init}} = \max \begin{cases} Q^{-1}\left(\dfrac{PHMI_{\text{VERT, ADJ}}}{2(N_{\text{faults}} + 1)}\right)\sigma_3^{(0)} + b_3^{(0)} \\[2mm] \displaystyle\max_k Q^{-1}\left(\dfrac{PHMI_{\text{VERT, ADJ}}}{p_{\text{fault},k}(N_{\text{faults}} + 1)}\right)\sigma_3^{(k)} + T_{k,3} + b_3^{(k)} \end{cases} \qquad (3-85)$$

迭代在式（3-86）所示的情况下停止：

$$|VPL_{\text{up}} - VPL_{\text{low}}| \leqslant TOL_{\text{PL}} \qquad (3-86)$$

式中：TOL_{PL} 取 5×10^{-2}。最终的 VPL 在迭代结束时由 VPL_{up} 给出。

式（3-71）~式（3-86）详细推导出了迭代方式下 VPL 的计算过程，为基于全球北斗观测数据的 ARAIM 可用性评估提供了理论依据。

3. 北斗/GNSS 观测数据处理与分析

本书采用国际 GNSS 监测评估系统 IGMAS 中 24 个站 2020 年 9 月 6 日的 BDS 观测数据，统计出 BDS 卫星在截止高度角 5°以上可见卫星数和计算出几何精度因子 GDOP 值,并利用 MHSS 迭代方法计算出 IGMAS 站的 VPL 值。最后,通过 Matlab 中的插值函数获得 BDS 的 ARAIM 可用性。所选站点分布见图 3-5。

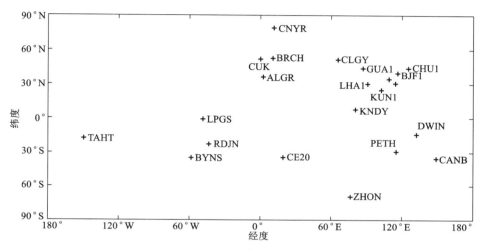

图 3-5　24 个 IGMAS 站的分布

结论如下:

①全球星历文件从 IGS 网站下载,每天的星历文件提供了北斗卫星轨道参数、卫星钟差参数和每小时发布的卫星状态信息。

②ARAIM 可用性评估中双频观测量基于 BDS 中的 C1I、C2I、C6I 和 C7I 4 个频率观测量中任意的两个线性组合,消除了采用电离层一阶项误差的影响。

③考虑了 BDS 3 类异构卫星之间的差异,GEO 和 IGSO+MEO 卫星的权重比设置为 1∶5。具体计算模型参考文献。

④数据处理中忽略了其他误差(如星历误差、地球固体潮)对定位精度的影响。

ARAIM 可用性计算中需要给出 ISM 和 VPL 计算中参数值的初值。根据 GEAS 第二阶段报告和参考相关文件,这些参数的定义和取值如表 3-9 所示。

ARAIM 可用性评估中需要有足够多的卫星数和较好的几何图形强度,表 3-10 统计了可见卫星数和 GDOP 值的最小值、平均值和最大值。

表 3-9   ARAIM 可用性评估中参数的定义和取值

参数名称	定义	取值
$PHMI$	危险误导信息概率	10^{-7}
P_{FA}	误警率	4×10^{-6}
EMT	有效监测门限/m	15
VPE	垂直定位误差/m	4
URE	用户测距误差/m	0.5
URA	用户测距精度/m	1
b_{nom}	标称条件下的偏差/m	0.75
b_{max}	最大偏差/m	1
P_{sat}	卫星故障概率	10^{-5}
P_{const}	星座故障概率	10^{-4}
$PHMI_{VERT}$	垂直分量的完整性预算	9.8×10^{-8}
P_{FA_VERT}	分配给垂直模式的连续性预算	3.9×10^{-6}
P_{FA_HOR}	分配给水平模式的连续性预算	9×10^{-8}
P_{THRES}	来自未受监控故障的完整性风险阈值	8×10^{-8}

表 3-10   BDS 可见卫星数及 GDOP 值统计

参数	最小值	均值	最大值
可见卫星数/颗	3.754	11.678	18.367
GDOP 值	1.323	4.234	37.088

从统计数据可以看出：

①24 个 IGMAS 站的 BDS 可见卫星数的平均值和最大值分别为 11.678 颗和 18.367 颗。GDOP 的最小值、平均值和最大值分别为 1.323，4.234 和 37.088。BDS 可见卫星数和 GDOP 值在大部分站或地区都能满足 ARAIM 的要求。

②GDOP 值大小与可见卫星数有一定关系，即可见卫星数越少，对应的 GDOP 值越大。本书在 ARAIM 可用性计算中未采用可见卫星数少于 5 颗的观测数据。

基于表 3-9 中给出的参数初值计算出 24 个 IGMAS 站的 *VPL* 值。

由于飞机 LPV-200 飞行阶段的 VAL 为 35 m。表 3-11 统计了 24 个 IGMAS 站的 VPL 最小值、平均值和最大值。

表 3-11　24 个 IGMAS 站的 VPL 值统计　　　　单位：m

测站	最小值	均值	最大值
ALGR	7.311	9.544	18.362
BD07	9.107	14.252	35.677
BJF1	6.428	10.272	44.892
BRCH	7.662	11.610	55.155
BYNS	8.454	11.730	21.355
CANB	6.369	8.149	11.987
CE20	8.239	10.914	17.788
CLGY	8.739	31.132	145.037
DWIN	4.677	5.059	5.495
ICUK	10.012	12.042	15.941
KNDY	4.301	4.673	5.213
LHA1	5.660	6.917	8.936
LPGS	5.249	7.368	11.528
PETH	5.710	6.566	7.347
WUH1	5.570	6.925	8.513
ZHON	8.644	10.515	13.522
CHU1	6.496	11.820	35.677
CNYR	14.805	19.121	31.502
GUA1	6.356	15.168	48.318
KUN1	5.196	6.077	7.221
RDJN	7.109	9.563	15.489
SHA1	5.994	7.147	8.688
TAHT	7.215	9.261	14.194
XIA1	6.062	7.596	8.705
平均值	—	10.559	—

根据以上结果得出：

①结合表 3-10 与表 3-11 可以看出绝大部分测站和历元的 VPL 未超过 VAL。但也有部分测站和历元的 VPL 值大于 35 m(表 3-11)，其中 CLGY 的最大 VPL 值达到 145.037 m，分析原因在于该测站的 BDS 平均可见卫星数只有 7 颗。

②从图 3-5 与表 3-11 可以得出，全球 VPL 值不仅与时间有关，而且其全球空间分布也不同，说明 ARAIM 可用性与地理位置有关。

③ARAIM 中 VPL 的计算涉及一些参数的初始值。不同的参数初始值会导致不同的 VPL 值。ARAIM 可用性结果与参数初始值有一定关系。

根据以上参数计算 24 个 IGMAS 测站 VAL 的坐标时间序列，与 VAL 值进行比较，统计出各个测站 ARAIM 可用性百分比，如表 3-12。

表 3-12　24 个 IGMAS 站的 ARAIM 可用性统计　　　　单位：%

站点	可用性百分比	站点	可用性百分比	站点	可用性百分比
ALGR	100.000	DWIN	100.000	CHU1	99.134
BD07	97.847	ICUK	100.000	CNYR	100.000
BJF1	95.764	KNDY	100.000	GUA1	95.908
BRCH	99.434	LHA1	100.000	KUN1	100.000
BYNS	100.000	LPGS	100.000	RDJN	100.000
CANB	100.000	PETH	100.000	SHA1	100.000
CE20	100.000	WUH1	100.000	THAT	100.000
CLGY	69.985	ZHON	100.000	XIA1	100.000
可用性百分比平均值					98.253

由表 3-12 和图 3-5 可以得出：除了 CLGY 站外，BDS 在 LPV-200 阶段的全球 BDS ARAIM 可用性不低于 98%，BDS 能够满足大部分地区和观测历元在 LPV-200 阶段的可用性。

本书给出了 ARIAM 导航需求，详细介绍了 ARAIM 可用性 MHSS 算法中迭代方法的数学模型和计算过程，并基于 24 个 IGMAS 站 2020 年 9 月 6 日的 BDS 观测数据和星历文件，获得了这些测站的 VPL 值，对全球范围最新的 ARAIM 可用性进行了评估，结果表明全球范围内 BDS 可见卫星数和 GDOP 值可以满足大部分测站和地区 ARAIM 可用性计算的需要。目前 BDS 平均可见卫星数为

11.678 颗, GDOP 平均值为 4.234。这些为 ARAIM 可用性评估提供了丰富的数据源。但也存在个别测站和历元可见卫星少和 GDOP 大的现象。基于全球 24 个 IGMAS 站的 BDS 观测数据和星历文件, 利用 MHSS 中迭代方法计算出的 ARAIM 的 VPL 平均值为 10.559 m, 可用性不低于 98%, 证明在全球范围内 BDS 基本能够满足 LPV-200 的需求。ARAIM 可用性计算涉及 MHSS 和 ISM 中参数的给定, 不同的参数初始值会对 ARAIM 可用性造成不一样的结果, 因此实际应用时要根据不同可用性阶段的需求给出不同的参数初始值。

第 4 章

北斗/GNSS 基准站坐标时间序列非线性运动精密建模与应用

4.1 北斗/GNSS 基准站坐标时间序列非线性运动精密建模方法与应用

近几十年的研究表明，GNSS 坐标时间序列的噪声对测站速度的不确定度估计影响较大，即传统上假定其噪声背景为白噪声时，对测站速度不确定度的估计会过低，导致其对站点速度的精度估计过高。在实际 GNSS 应用中，速度精度估计过高造成的结果是把不可靠的数据当成可靠的数据使用，实际数据已经无法满足精度要求，给高精度的 GNSS 应用带来极大危害。因此，对 GNSS 坐标时间序列噪声模型进行无偏估计，探讨噪声模型的变化规律，获得坐标时间序列的最佳噪声模型，对高精度 GNSS 应用，尤其是速度场应用具有重要意义。

4.1.1 概述

目前，关于 GNSS 坐标时间序列噪声模型的建立，已展开了相应的研究。国内外学者认为 GNSS 坐标时间序列噪声特性的最优随机模型为白噪声+闪烁噪声。此外，部分学者指出，GNSS 噪声模型的最佳模型为闪烁噪声+少部分的随机游走噪声。但随机游走噪声难以探测，尤其是对时间跨度较短的时间序列。Williams et al.（2004）的研究显示对于振幅为量级的随机游走噪声，需要 30 年的时间序列，才能将其简单、准确地探测出来，即随机游走噪声的探测与时间序列跨度相关。除了上述模型，一些学者提出 GNSS 坐标时间序列中部分噪声模型可用幂律噪声模型（power law noise，PL）、高斯马尔科夫模型（generalized Gauss Markov，GGM）、一阶高斯马尔科夫模型 [first-order Gauss Markov noise，FOGM 等价于 AR(1)模型]等表示。

通过对已有的研究成果进行分析可以得出以下结论：GNSS 坐标时间序列的噪声特性实际情况较为复杂，不同学者的研究结果存在一定的共性，也显现出一定的差异。这是因为存在以下几个因素：①分析 GNSS 坐标时间序列时，并未采用能足够代表基准站噪声特性的较为复杂的随机模型，大部分研究采用单一或者 FN+WN+RW 模型，未对多种模型及其组合模型进行分析；②累积的时间序列长度不够，不足以解算出 GNSS 坐标时间序列中的长周期噪声分量（如随机游走噪声）；③分析的站点地理位置不一致，得出的最佳噪声结果也会存在差异，缺乏地理环境因素（local environment）对噪声模型影响的研究；④噪声模型估计、评价准则存在差异；⑤随着大尺度 GNSS 坐标时间序列的累积，"WN+FN" "FN+WN+RW"等最佳噪声模型是否具有普遍性，是否仍然是最佳噪声模型，有待进一步研究。因此需要对 GNSS 时间序列噪声模型进行更进一步的研究。

随着时间的推移，GNSS 基准站坐标时间序列不断增长，全球及区域 IGS 站已经积累了长度为 15~25 年的时间序列，为探测低频噪声、随机游走噪声等提供了有利的条件。为进一步研究 GNSS 坐标时间序列的最佳噪声模型，有必要对 GNSS 坐标时间序列进行更为全面的噪声分析。

4.1.2　北斗/GNSS 基准站坐标时间序列噪声模型估计方法

针对基准站坐标时间序列噪声模型的辨识，国内外学者大多采用功率谱分析方法和最大似然估计（maximum likelihood estimation，MLE）方法进行噪声模型分析。功率谱分析方法可以对噪声模型进行定性估计，但其对低频噪声（如随机漫步噪声）的分辨率较低。MLE 方法能准确估计出噪声模型的特征参数，但当待估模型参数、坐标时间序列时间跨度增加时，模型估计结果存在较大偏差。针对 MLE 方法的不足，Bos et al.（2013）提出了赤池信息量准则（Akaike information criteria，AIC）和贝叶斯信息准则（Bayesian information criteria，BIC），一定程度上提高了噪声模型估计的精度及效率。然而，当模型复杂度提高时，AIC、BIC 准则存在一定的发散性，且对部分模型的准确辨识存在一定的不足。不仅如此，基准站中存在的低频随机漫步噪声还会导致基准站速度场的过高估计，因此准确地探测随机漫步噪声对获取高精度站速度参数具有重要意义。Dmitrieva（2015）提出的基于堆栈求平均的观测网噪声模型估计方法，能够探测到量级较小的随机漫步噪声。姜卫平等(2018)的研究表明，基于区域基准站的三维噪声模型存在较大的局限性，尤其是不同站点之间的噪声特性存在较大差异时，其严密性有待进一步论证。因此，噪声模型的估计方法有待进一步完善。

针对当前北斗/GNSS 基准站坐标时间序列噪声模型估计准则的可靠性、适用性缺乏相应论证，以及低频随机漫步噪声辨识方面存在不足等问题，考虑到噪声模型参数、阶跃的影响，构建基于信息熵的噪声模型估计 BIC_tp 新方法，并对不同估计准则的可靠性、适用性进行论证，以实现低频噪声模型参数的准确识别。其次，针对北斗/GNSS 基准站坐标时间序列噪声模型的多样性，建立基于奇异谱分析法的基准站坐标时间序列背景噪声模型确定技术，实现噪声模型参数的稳健估计，提高北斗/GNSS 基准站速度估计模型的精度，以获取准确的站速度参数。最后，深入分析坐标时间序列中的 offset 对北斗/GNSS 基准站坐标时间序列速度场估计之间的数值联系，并提出减弱其对站速度估计影响的技术措施，进而最终提高北斗/GNSS 基准站速度参数的确定精度。

1. 基于信息熵的基准站坐标时间序列噪声模型估计 AIC/BIC/BIC_tp 方法

随着噪声模型包含的未知参数越来越多(如混合噪声模型)，估计出的 MLE 值也越来越大，导致估计结果存在一定的偏差。由于 AIC/BIC 准则估计结果发散性等不足，本书通过引入因子 2π 建立介于 AIC、BIC 之间的新噪声模型估计准则 BIC_tp(BIC true positives)：

$$\begin{aligned} \text{AIC} &= -2\ln(L) + 2k \\ \text{BIC} &= -2 \times \ln L + k \times \ln(n) \end{aligned} \tag{4-1}$$

$$\text{BIC\_tp} = -2\log(L) + \log\left(\frac{n}{2\pi}\right)v \tag{4-2}$$

式中：L 为似然函数(likelihood function)；n 为时间序列长度；v 为模型参数个数。通过构建基于信息熵的 GNSS 基准站噪声模型估计新准则 ICs(AIC、BIC、BIC_tp)，并结合仿真坐标时间序列对不同 ICs 准则的收敛性、稳健性进行论证分析，进一步优化噪声模型确定算法，实现噪声模型随机特性的准确估计。此外，考虑 GNSS 基准站坐标时间序列噪声模型的多样性，通过奇异谱分析方法对不同随机噪声模型 WN、FN、RW、PL、FOGM、FIGGM(fractionally integrated generalised Gauss-Markov)及其组合模型的适用性进行论证，并剔除一些虚假随机噪声模型。

2. 噪声模型估计准则 ICs 可靠性分析及加权信息熵噪声辨识模型的构建

为了验证所提出的噪声模型估计准则 ICs(AIC、BIC、BIC_tp)的可靠性，并对不同噪声模型估计准则的适用性缺乏进行相应的论证，目前广泛应用如式(4-3)所示的坐标时间序列分析领域的数学模型。

$$y(t_i)_{E/N/U} = a + bt + c\sin(2\pi t) + d\cos(2\pi t)$$

$$+ e\sin(4\pi t) + f\cos(4\pi t) + \sum_{j=1}^{n_g} g_j H(t - T_{gj}) + \varepsilon_i \quad (4-3)$$

式中：$y(t)$ 为历元 t 时刻所对应的基准站坐标观测值，包含 E、N、U 3 个坐标分量；$t_i(i=1,\cdots,n)$ 为北斗/GNSS 站点单日解坐标时间序列对应的历元，年(小数年)；a 为北斗/GNSS 测站位置，为序列的平均值；b 为线性速度，即趋势变化项；系数 c、d、e、f 为年周期和半年周期项的系数(待估计参数)；$\sum_{j=1}^{n_g} g_j H(t - T_{gj})$ 为跳变改正项；g_j 为跳变振幅；T_{g_j} 为跳变发生的时刻即历元；n_g 为跳变个数；j 为跳变编号，这里假定发生偏移的时刻 T_g 已知；H 为海维西特阶梯函数，在跳变前 H 值为 0，跳变后 H 值为 1；ε_i 为时刻 t 的观测噪声。该模型在北斗/GNSS 坐标时间序列分析及应用中发挥着重要的作用，是目前应用最为广泛的模型之一。

仿真北斗/GNSS 站坐标时间序列，其跨度为 4~30 年(4 年，6 年，8 年，10 年，12 年，15 年，18 年，20 年，24 年，30 年)，每个跨度仿真 100 个测站，测站速度间的标准差(standard deviations)设置为 2.3 mm/年(表 4-1 为仿真参数设置)。图 4-1 为仿真 30 年的 FNWN、GGMWN、RWFNWN、PLWN 高程时间序列图，为了提高估计准则的准确性，所仿真的时间序列不含粗差、阶跃等干扰项。

表 4-1　北斗/GNSS 坐标时间序列仿真参数

噪声模型	标准差参数 /(mm·年⁻¹)	FN/GGM/RW 占比	WN 占比	d 值	1-phi 值
FNWN	2.3	0.95(FN)	0.05	—	—
GGMWN	2.3	0.99(GGM)	0.01	0.75	0.03
PLWN	2.3	0.99(PL)	0.01	0.35	—
RWFNWN	2.3	0.05, 0.9(RW, FN)	0.05	—	—

为了对不同噪声模型估计准则的可靠性、适用性等进行论证，首先采用 4 种噪声模型(RWFNWN、FNWN、PLWN、GGMWN)分别对所仿真的坐标时间序列采用 ICs 最小法(minimum AIC/BIC/BIC_tp)进行最优噪声模型估计。

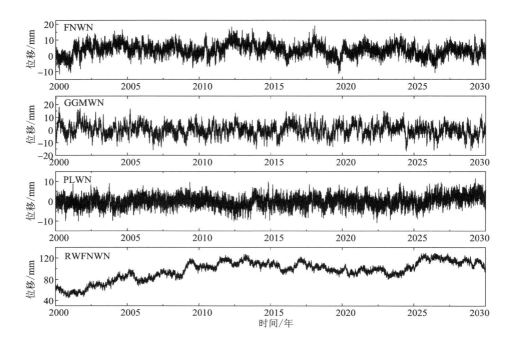

图 4-1　仿真坐标高程方向时间序列结果

（1）RWFNWN 仿真坐标时间序列噪声模型估计结果分析

首先，采用 RWFNWN、FNWN、PLWN、GGMWN 这 4 种背景噪声模型对仿真的 RWFNWN 序列进行最优噪声模型估计，表 4-2 给出了 RWFNWN 坐标时间序列仿真分析噪声模型估计的结果，从表 4-2 中 RWFNWN 噪声辨识准确率可知，随着时间跨度的增加，RW 噪声分量更容易被识别。

同时，从表 4-2 可以看出，AIC 对 RW 噪声分量比较敏感，相比其他准则更容易辨识出坐标时间序列中存在的 RW 噪声，当时间跨度为 12 年时探测准确率达 73%，略优于其他两个准则（BIC 67%，BIC_tp 70%）。当时间跨度大于 20 年时，AIC、BIC、BIC_tp 模型估计准则的 RWFNWN 模型的准确识别率一致，分别为 93%、90%、93%，表明 3 种模型估计方法一致性（收敛性）较好。Williams et al.（2004）的研究表明对于振幅为 0.4 mm/年$^{0.5}$ 量级的随机游走噪声，需要 30 年的时间序列才能准确地将其探测出来，也就是当随机游走噪声相对其他噪声较小时较难探测。考虑到实测 GNSS 观测数据的有限性，尤其对于高地球动力学研究, 无法满足长跨度的时间序列的要求, 建议采用 15 年以上坐标时间序列, 以准确地识别 RW 噪声分量, 进而提高 GNSS 站速度估计的确定精度。

表 4-2　AIC、BIC, BIC_tp 一切准则下 RWFNWN 仿真时间序列最优噪声模型估计结果 %

时间跨度/年	探测准确率/%											
	AIC				BIC				BIC_tp			
	RWF NWN	FN WN	PL WN	GGM WN	RWF NWN	FN W N	PL WN	GGM WN	RWF NWN	FN WN	PL WN	GGM WN
4	16	56	20	8	11	86	1	2	13	81	3	3
6	42	43	15	0	24	72	4	0	35	60	5	0
8	47	26	27	0	39	54	7	0	44	48	8	0
10	61	22	17	0	50	46	4	0	55	37	8	0
12	73	4	23	0	67	20	13	0	70	16	14	0
15	82	4	14	0	73	20	7	0	77	15	8	0
18	92	8	0	0	87	6	7	0	87	6	7	0
20	93	0	7	0	93	2	5	0	93	1	6	0
24	90	0	10	0	90	2	8	0	90	1	9	0
30	93	0	7	0	93	1	6	0	93	1	6	0

此外, 我们对估计出的 RW 分量振幅和探测为 RWFNWN 模型之间的关系进行探讨, 当 RW 振幅大于 0 时, 即表明 GNSS 时间序列中存在 RW 分量, 表 4-3 给出了 RW 振幅和模型选择之间的关系。从表 4-3 可知, 当时间序列跨度为 4 年时, RW 振幅>0 情形下, AIC、BIC、BIC_tp 准则下 RWFNWN 的准确识别的概率分别为 84.2%、57.9%、68.4%, 进一步验证了短时间跨度下, AIC 对 RW 噪声分量比较敏感。此外, 随着时间跨度的增加, RW 振幅>0 被准确探测为 RWFNWN 噪声模型的概率逐步提高; 跨度为 10 年时 AIC 准则的准确率达 91%。同样, 当时间跨度≥20 年时, 3 个准则的识别率呈现出较好的一致性。

表4-3　估计出的 RW 振幅值(>0) 与最优模型为 RWFNWN 之间的关系(探测准确率)

时间跨度/年	探测准确率/%		
	AIC	BIC	BIC_tp
4	84.2	57.9	68.4
6	87.5	45.8	72.9
8	83.9	69.6	78.6
10	91.0	74.6	82.1
12	84.9	77.9	81.4
15	92.1	82.0	86.5
18	92.9	87.9	87.9
20	93.9	93.9	93.9
24	90.0	90.0	90.0
30	93.0	93.0	93.0

（2）FNWN 仿真坐标时间序列噪声模型估计结果分析

同样对仿真的 FNWN 时间序列进行分析，表4-4 给出了 4 种背景噪声模型假设下 FNWN 仿真序列最优噪声模型估计结果。从表4-4 可以看出，FNWN 时间序列噪声模型估计结果变化趋势整体上与 RWFNWN 相一致。相比 RWFNWN 仿真序列，FNWN 模型 AIC、BIC、BIC_tp 估计准则的准确识别率明显高于 RWFNWN 模型。

对于 FNWN 模型，BIC 和 BIC_tp 估计准则在不小于 10 年时，其准确识别率达99%；与 RWFNWN 不同的是，AIC 估计准则对 FNWN 模型的辨识率较差，30 年跨度下 AIC 对 FNWN 的识别率只有 79%，说明 AIC 模型在探测识别 FNWN 模型存在较大的局限性。此外，当时间跨度较短时（如不大于 8 年），FNWN 模型会被误认为 GGMWN 模型，其影响不可忽略。

表4-4　AIC、BIC、BIC_tp 准则下 FNWN 仿真时间序列最优噪声模型估计结果

时间跨度/年	准确识别率/%											
	AIC				BIC				BIC_tp			
	FNWN	PLWN	GGMWN	RWFNWN	FNWN	PLWN	GGMWN	RWFNWN	FNWN	PLWN	GGMWN	RWFNWN
4	52	14	34	0	96	0	4	0	85	2	13	0
6	67	17	16	0	99	0	1	0	90	2	8	0

续表4-4

时间跨度/年	准确识别率/%											
	AIC				BIC				BIC_tp			
	FN WN	PL WN	GGM WN	RWF NWN	FN WN	PL WN	GGM WN	RWF NWN	FN WN	PL WN	GGM WN	RWF NWN
8	71	25	4	0	100	0	0	0	96	0	4	0
10	82	18	0	0	100	0	0	0	99	1	0	0
12	75	24	1	0	99	0	1	0	98	1	1	0
15	81	19	0	0	100	0	0	0	99	1	0	0
18	82	18	0	0	99	1	0	0	98	2	0	0
20	81	19	0	0	100	0	0	0	100	0	0	0
24	78	22	0	0	100	0	0	0	98	2	0	0
30	79	21	0	0	100	0	0	0	100	0	0	0

此外，FNWN 模型被认为（模型估计结果）是 RWFNWN 的概率为 0，即可以有效地避免随机漫步噪声的错误估计。表 4-5 为假定 RWFNWN 模型噪声背景下估计出的 RW 分量振幅结果。从表 4-5 可知，仿真的 100 个测站序列中仅在时间跨度为 10 年、30 年情况下探测出 RW 振幅（伪振幅），进一步证实了 ICs 模型估计准则对仿真的 FNWN 时间序列模型辨识的准确性。

表 4-5　假定 RWFNWN 噪声模型背景下 FNWN 仿真时间序列 RW 振幅估计结果

amp_RW/年	4	6	8	10	12	15	18	20	24	30
RW>0	0	0	0	2	0	0	0	0	0	1

（3）PLWN 仿真坐标时间序列噪声模型估计结果分析

对于仿真的 PLWN 时间序列，表 4-6 给出了 PLWN 仿真坐标时间序列噪声模型估计结果，AIC 估计方法对 PLWN 的辨识率优于其他准则，且 BIC 估计方法准确性最差。此外，当时间跨度小于 8 年时，AIC、BIC_tp 估计方法会导致 PLWN 模型被错误地估计为 GGMWN 和 FNWN 模型。

表 4-6 PLWN 仿真时间序列最优噪声模型估计结果 AIC/BIC/BIC_tp

时间跨度/年	辨识率/%											
	AIC				BIC				BIC_tp			
	PL WN	FN WN	GGM WN	RWF NWN	PL WN	FN WN	GGM WN	RWF NWN	PL WN	FN WN	GGM WN	RWF NWN
4	52	5	45	0	40	49	11	0	47	30	23	0
6	80	6	14	0	61	35	4	0	67	21	12	0
8	89	2	9	0	69	27	4	0	72	20	8	0
10	91	9	0	0	78	17	5	0	81	12	7	0
12	98	2	0	0	79	19	2	0	88	10	2	0
15	97	0	3	0	86	11	3	0	92	3	5	0
18	99	0	1	0	96	3	1	0	97	2	1	0
20	99	0	1	0	97	2	1	0	98	1	1	0
24	100	0	0	0	97	0	3	0	99	1	0	0
30	100	0	0	0	100	0	0	0	100	0	0	0

针对当前北斗/GNSS 基准站坐标时间序列噪声模型估计准则的可靠性、适用性缺乏相应论证，以及低频随机漫步噪声辨识方面存在的差异等问题，提出了基于加权信息熵的基准站坐标时间序列噪声模型估计 AIC/BIC/BIC_tp 新方法，其具体执行步骤如下。

①根据极大似然估计原理，采用课题组参与研发的 Hector V2.0 及以上版本对基准站坐标时间序列的信息熵值 AIC/BIC/BIC_tp 进行估计，通过最优噪声模型对应的信息熵最小原则，确定不同信息熵（AIC/BIC/BIC_tp）噪声模型辨识准则下的最优噪声模型。当 AIC、BIC、BIC_tp 估计准则所确定的最优模型一致时，则认为该一致性结果为所分析的基准站坐标时间序列的最优噪声模型。

②针对 ICs 之间的不一致性情况，首先，考虑 AIC 估计准则对 RW 噪声的敏感性及其高可靠性，对 AIC 估计准则赋予 RW 模型权重值 1，对基准站坐标时间序列的 RW 噪声特性进行确定。其次，对残余的不一致噪声模型辨识结果中的 FNWN 情况，赋予 AIC 估计准则低权重（参考值 0.6），BIC 估计准则高权重（参考值 0.99），BIC_tp 估计准则高权重（参考值 0.96），进而确定基准站坐标时间序列不一致估计结果中的 FNWN 噪声特性。用同样的方法对 PLWN 和 GGMWN 噪声特性的基准站进行处理。

　　③当基于加权信息熵的基准站坐标时间序列噪声模型估计 ICs 仍无法进行模型辨识时,结合功率谱分析法对不同模型估计准则的拟合情况进行判别。为了简化步骤①~③的复杂度,提高模型辨识的效率,编写了相关的 python 批处理程序脚本进行 ICs 最优噪声模型的选取,并对批处理计算功率谱进行估计及绘制 PSD 图谱,进而实现最优噪声模型辨识的自动批处理,提高基准站坐标时间序列最优噪声模型辨识的自动化水平,相关批处理功能已在 Hector V2.0 及以上版本中实现。

　　根据频谱分析 PSD 模型拟合结果辨识最优噪声模型,以 4 个 GNSS 测站为例(OHI2,KERG,MAS1,CHUR)进行阐述。例如对于与 BIC 不一致的 7 个 AIC 值,AIC 值倾向于选择 FN+RW+WN 作为最佳噪声模型,而 BIC 值则更接近 FN+WN 噪声模型。为了做出更好的选择,图 4-2 显示了 4 个受影响站的残差时间序列的功率谱密度(PSD)图。基于 AIC(FN+RW+WN)的模型很好地拟合了 OHI2、KERG 和 MAS1 站的时间序列,而 BIC(FN+NN)则更适合 CHUR。

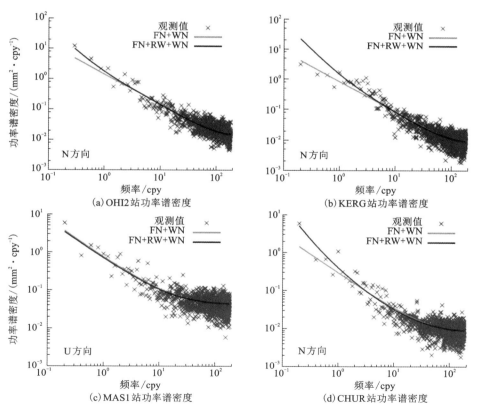

图 4-2　残差时间序列的功率谱密度(PSD)图

4.1.3 观测墩类型对噪声模型建立的影响

本节对不同观测墩类型对 GNSS 坐标时间序列噪声的影响进行分析。考虑到不同观测墩及天线类型可能引起观测墩的不稳定，以及不同观测墩周边地理位置不一致等可能对噪声模型产生一定的影响，因此有必要对其进行深入分析，为最佳噪声模型的建立，提供相应的依据。

对于不同观测墩是否会对噪声模型产生一定的影响，国内外学者在这方面的研究相对较少。Kloas et al.（2015）的研究表明观测墩类型对 GNSS 噪声模型的影响较大，如对于位于屋顶的观测墩，由于受热膨胀效应，站点存在随机游走，因而这类观测墩随机游走噪声较明显。然而 Kloas et al.（2015）的研究存在一定的局限性，主要表现在 3 个方面：①选择的备选噪声模型不足，仅对 FN+WN+RW 模型以及 FN+RW 模型进行估计，在一定程度上影响了研究成果的可靠性；②选取的时间序列周期较短，Williams et al.（2004）指出对于振幅为 0.4 mm/年$^{0.5}$ 量级的随机游走噪声，需要 30 年的时间序列才能准确地将其探测出来，也就是当随机游走噪声相对其他噪声较小时，比较难测出来；③仅仅分析了 18 个波兰区域的 IGS 站，仅对混凝土观测墩（concrete pillars）以及建筑物上观测墩（buildings）进行分析。由于测站较少，因此估计结果存在一定的偶然性（如测站的区域性影响）；观测墩类型缺乏系统的分类。针对上述情况，本节重点讨论不同观测墩类型对噪声模型的影响。

为了保证分析结果的准确性，对全球区域范围内的 400 多个 IGS 站进行初步分析，时间序列产品（如未作特殊说明本书所处理的时间序列均来自 SOPAC）采用 SOPAC 的单日解时间序列（ftp：// garner. ucsd. edu）。对时间序列进行噪声估计之前，需要预先对序列进行粗差分析。GNSS 坐标时间序列中包含影响数据质量的粗差，粗差的剔除通常可以依据"拉依达准则"（常被称为 3 倍中误差准则），即某个点在某些时刻的任何一个分量的误差大于 3 倍均方根分布或某个点在某些时刻偏离平均时间序列的偏离值大于 3 倍均方根分布。另外 offset 对噪声模型也会产生较大的影响，噪声模型估计之前也需要对 offset 进行改正。Gazeaux et al.（2013）的研究表明 offset 的最佳改正方法仍然是通过手动检查时间序列进行改正。站点选取应综合考虑以下几个因素：①站点空间尺度较大，但南半球 IGS 站点较少，且稀疏，故选择的南半球站点相对较少。②为了更好地反映测站地理环境，对潜在的结果进行地球物理相关解释，所选的 IGS 站均有站点照片资料及观测日志（站点照片信息见 igscb. jpl. nasa. gov）。③时间序列数据缺失率较低，且累积了长周期的时间序列。最终选择了 140 个 IGS 观测站。将观测站类型分为 3 类：混凝土观测墩（包括扼流圈观测墩）、建筑物上的观测墩、积雪覆盖及海洋区域观测墩(图 4-3)。

(a) 混凝土观测墩

(b) 建筑物上观测墩

(c) 扼流圈天线观测墩

(d) 海洋中观测墩

图 4-3　观测墩类型样例

在噪声模型估计过程中,采用 Hector 软件进行估计。Hector 软件是由 Machiel Bos 设计的一个在 Linux 操作系统下利用时间相关噪声模型对 GNSS 坐标时间序列进行线性趋势估计的软件。Hector 能够正确处理缺失数据,线性趋势估计过程中允许周年、半周年和其他周期信号在给定区间选择估计补偿,Hector 中包含多种噪声模型便于进行噪声模型的估计分析,并能对时间序列进行粗差估计、功率谱估计等。Hectro 采用极大似然估计方法对噪声模型进行估计,并结合 AIC/BIC 确定最佳噪声模型。对所选的 140 个 IGS 站分别采用"幂律噪声"(power-law noise, PL)、"闪烁噪声"(flicker noise, FN)、"闪烁噪声+随机游走噪声+白噪声"(flicker plus random walk plus white noise, FN+RW+WN)、"闪烁噪声+白噪声"(flicker plus white noise, FN+WN)、"幂律噪声+白噪声"(power law plus white noise, PL+WN)、"高斯-马尔可夫噪声"(generalized

Gauss-Markov noise，GGM）模型进行最佳噪声模型估计，通过对 AIC/BIC 进行分析，得到最佳噪声模型分布规律（表 4-7），表 4-7 中数值为 E、N、U 方向对应噪声模型（第一行）在 AIC/BIC 值最小情况下 IGS 测站的个数及所占比例（%）。

表 4-7　噪声模型估计结果（AIC/BIC）

模型	E 方向		N 方向		U 方向		测站总计/个	占比/%
	测站数/个	占比/%	个数	占比	个数	占比		
PL	16	11.4	49	35.0	61	43.6	126	30
FN	2	1.4	5	3.6	5	3.6	12	2.8
FN+RW+WN	15	10.7	9	6.4	9	6.4	33	7.9
FN+WN	22	15.7	50	35.7	28	20	100	23.8
PL+WN	33	23.6	7	5.0	5	3.6	45	10.7
GGM	52	37.1	20	14.3	32	22.9	104	24.8

从表 4-7 可知，GNSS 坐标时间序列呈现出多种噪声模型特性，并不是严格的单一噪声模型。在坐标东向 PL 模型约占 11.4%，FN 模型约占 1.4%，FN+RW+WN 模型约 10.7%，FN+WN 模型占 15.7%，PL+WN 模型约占 23.6%，GGM 模型约占 37.1%。在坐标北方向 PL 模型约占 35.0%，FN 模型约占 3.6%，FN+RW+WN 模型约占 6.4%，FN+WN 模型占 35.7%，PL+WN 模型约占 5.0%，GGM 模型约占 14.3%。在坐标垂向分量主要表现为 PL 模型约占 43.6%，FN 模型约 3.6%，FN+RW+WN 模型约 6.4%，FN+WN 模型占 20.0%，PL+WN 模型约占 3.6%，GGM 模型约占 22.9%。可以看出坐标北方向与垂向分量一致性较高。三坐标分量的统计结果表明，GNSS 坐标时间序列噪声模型主要表现为 PL 模型（约占 30%）、GGM 模型（约占 24.8%）、FN+WN 模型（约占 23.8%）、PL+WN 模型（约占 10.7%）。另外，从表 4-7 可知，存在少部分点（约 7.9%）呈现出最佳噪声模型为"FN+RW+WN"模型，而根据已有的研究，可知随机游走噪声主要源自观测墩的不稳定性，通过对呈现出"闪烁噪声+白噪声+随机游走噪声"模型的测站观测墩类型进行分析发现，并不是所有的建筑物上的观测墩呈现出随机游走特征；通过对不同类型的观测墩与噪声模型之间的关系进行分析，发现最佳噪声模型与观测墩类型没有明显的一一对应关系，即噪声模型与观测墩类型没有明显的相关性；由于部分站点的 GNSS 观测序列较短（其中最短序列长度为 3 年），噪声模型估计结果存在一定的局限性，因此有必要对观测序列跨度对噪声模型的影响进行进一步的研究。

4.1.4　不同时间跨度下噪声模型演化规律分析

姜卫平等(2014)指出坐标时间序列跨度对噪声模型的建立存在较大影响,并分析了 1998—2009 年澳大利亚区域内 10 个 IGS 站不同时间跨度下噪声模型及其对相关参数的影响。其研究的局限性在于仅采用白噪声加闪烁噪声、幂律过程的噪声加白噪声两种混合模型进行分析;而近年来的研究表明,GNSS 坐标时间序列的最佳噪声模型呈现出多样性,单一噪声模型并不能完整地描述 GNSS 坐标时间序列,因此需要对更多的噪声模型进行分析。另外为了探测出随机游走噪声需要 15~20 年坐标时间序列。针对上述问题,有必要对时间跨度对噪声模型的影响进行深入的分析,提高建立噪声模型的准确性,从而获取更为准确的测站速度及其不确定性,进而更加合理地、全面地分析板块的运动机制。

为了分析不同时间跨度对噪声模型的影响,选取比较稳定的、有代表性的 IGS 站进行分析是十分必要的。另外为了避免噪声模型的随机性,选取长时间的 GNSS 坐标时间序列,并且其数据缺失率较低,因此我们采用 IGS08 的核心站(core station)。IGS08 相关测站用于参考框架的维持,因此其稳定性较高,而 IGS08 核心站其精度更加有保证,可提供可靠的数据基础。要求选取的所有站点至少包含 18 年的连续观测值,且数据缺失率小于 5%,最终选取了 24 个符合上述要求的 IGS 站进行分析;选取的站点中,包含了部分具有区域代表性的测站,如 COCO 测站,该站位于地震活跃区域,可能受地震影响,使得其噪声模型存在不确定性。另外,在 GNSS 最佳噪声模型备选方面,考虑了更多的噪声模型组合,采用不同模型对时间跨度为 5 年、10 年、12.5 年、15 年和 20(18.1~20.0)年 5 个时段的时间序列进行噪声分析并对结果进行对比。

结合本书初步得出的分析结果,即 GNSS 坐标时间序列呈现出多种噪声模型特性,采用 FN+RW、FN+RW+WN、FN+WN、GGM、PL 备选噪声模型对不同跨度的时间序列、IGS 基准站各时段进行噪声分析。

1. 不同时间跨度下不同噪声模型空间分布分析

不同时间跨度下最佳噪声模型总体分布规律见表 4-8~表 4-10(表中数字对应最佳模型包含的测站数)。

从表 4-8~表 4-10 可知三坐标分量的最佳噪声模型整体上一致性比较好。当时间序列较短时,估计出的最佳噪声模型较发散。时间跨度为 5 年时,在东、北、垂直方向分别主要表现为 PL 噪声、FN+WN 噪声、PL 噪声模型,同时也包含其他噪声模型。随着时间跨度的增加,FN+WN 噪声模型的比重有所上升。

表 4-8　E 方向最佳噪声模型随时间变化分布规律　　　　　单位：个

模型	测站数时间跨度				
	5 年	10 年	12.5 年	15 年	20 年
PL	12	6	8	12	6
GGM	5	6	5	0	4
FN+WN	6	12	10	11	13
FN+RW+WN	1	0	1	1	1

表 4-9　N 方向最佳噪声模型随时间变化分布规律　　　　　单位：个

模型	测站数时间跨度				
	5 年	10 年	12.5 年	15 年	20 年
PL	6	4	3	4	3
GGM	6	4	3	0	2
FN+WN	10	13	12	13	12
FN+RW+WN	2	3	6	7	7

表 4-10　垂向最佳噪声模型随时间变化分布规律　　　　　单位：个

模型	测站数时间跨度				
	5 年	10 年	12.5 年	15 年	20 年
PL	9	4	5	7	4
GGM	5	5	4	0	2
FN+WN	6	11	10	12	13
FN+RW+WN	3	4	4	4	4
FN+RW	1	0	1	1	1

当时间跨度大于 12.5 年时，E、N、U 方向坐标时间序列分量的噪声模型趋于稳定，且主要表现为 FN+WN 模型（约 50%）以及 PL 模型、GGM 模型。另外需要注意的是，随着时间跨度的增加，随机游走噪声模型（FN+RW、FN+RW+WN）的比重有所增加，在时间跨度为 5~10 年时，仅 2~3 个测站呈现出最佳噪声模型为 FN+RW+WN，当时间跨度增大到 12.5~20 年时，约 7 个测站的最佳

噪声模型呈现为 FN+RW+WN 模型。这表明随着时间跨度的增加，GNSS 坐标时间序列中噪声的长周期分量(如随机游走噪声)变得显著。大跨度的时间序列为探测低频噪声的存在提供了条件，当时间序列不够长时，尤其是随机游走振幅较小时，因其被闪烁噪声等抑制，而不能被准确地探测出来。

2. 不同时间跨度下噪声模型的演化过程分析

为了进一步分析不同时间跨度下噪声模型的演化情况，以所处理的 24 个站点北方向为例，列出不同时间跨度下的最佳噪声模型(见表 4-11)。

表 4-11　最佳噪声模型随时间演化规律(以北方向为例)

站点	时间跨度/年				
	5	10	12.5	15	20
ALIC	FN+WN	FN+WN	FN+WN	FN+WN	FN+WN
CAS1	PL	FN+WN	FN+WN	FN+WN	FN+WN
CRO1	PL	PL	PL	PL	PL
GOLD	FN+WN	FN+WN	PL	PL	FN+WN
KARR	FN+WN	FN+WN	FN+WN	FN+WN	FN+WN
MAC1	PL	PL	FN+WN	FN+WN	FN+WN
STJO	PL	PL	PL	PL	PL
TOW2	FN+WN	FN+WN	FN+WN	FN+WN	FN+WN
AUCK	PL	FN+WN	FN+WN	PL	FN+WN
CHUR	PL	FN+WN	FN+WN	FN+WN	FN+WN
DAV1	FN+RW+WN	FN+WN	FN+WN	FN+WN	FN+WN
GUAM	GGM	PL	PL	PL	PL
KERG	PL	FN+WN	PL	PL	PL
MAS1	GGM	GGM	GGM	PL	GGM
SYOG	PL	FN+WN	FN+WN	FN+WN	FN+WN
WHIT	GGM	GGM	GGM	FN+WN	GGM
BRMU	GGM	GGM	GGM	FN+WN	FN+WN
COCO	FN+WN	FN+WN	FN+RW+WN	FN+RW+WN	FN+RW+WN

续表4-11

站点	时间跨度/年				
	5	10	12.5	15	20
DRAO	FN+WN	FN+WN	FN+WN	FN+WN	FN+WN
HOB2	PL	PL	PL	PL	FN+WN
KOKB	PL	GGM	GGM	PL	GGM
MKEA	PL	GGM	PL	PL	PL
TIDB	GGM	GGM	GGM	PL	GGM
WSRT	PL	PL	PL	PL	PL

对图4-4中坐标北方向不同时间跨度下最佳噪声模型进行统计分析,结果表明63%的测站在5年时间跨度后噪声模型发生了改变,即5年的时间序列确定的噪声模型可靠性不高,存在较大的偶然因素;约50%的测站在10年时间跨度后最佳噪声模型发生了改变,表明随着时间序列的增加,噪声模型趋于稳定。当时间跨度增大到12.5年时,67%的测站最佳噪声模型不再改变,当时间跨度增大到15年时71%的测站噪声模型不再改变。

同样对坐标时间序列东方向最佳噪声模型随时间演化结果进行分析(图4-5),结果表明,约62%的测站在5年时间跨度后最佳噪声模型不再改变;当时间跨度增大到10年、12.5年、15年跨度时约71%、71%、83%的测站最佳噪声模型不再发生改变。垂向坐标时间序列统计结果表明58%的测站在5年时间跨度后最佳噪声模型发生了改变,在10年时间跨度后噪声模型趋于稳定,约71%的测站噪声模型不再变化。

上述分析结果表明当时间序列长度低于5年时,噪声模型的不确定性较大,为了获得可靠的噪声模型估计结果,10年跨度是比较理想的时间跨度间隔。

4.1.5 时间序列跨度对GNSS站速度估计的影响

根据已有研究结果可知,噪声模型对速度的影响较大,尤其是对速度不确定性影响较大。在同一噪声模型下,时间序列的长度是否会对GNSS坐标时间序列速度估值及其不确定性产生影响,缺乏深入的分析。

为了分析不同时间跨度对速度及其不确定性的影响,对噪声模型趋于稳定的IGS站(见表4-11)进行分析,图4-5~图4-6给出了表4-11中所述IGS站在不同时间跨度下的速度及其不确定性的演化规律。

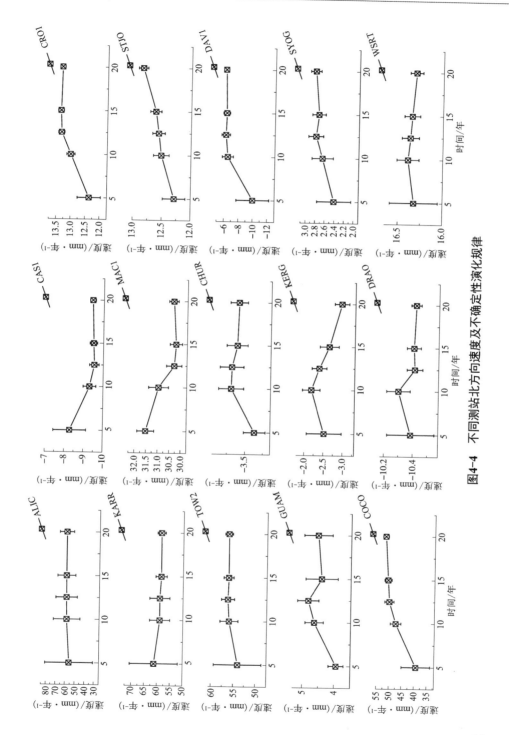

图4-4 不同测站北方向速度及不确定性演化规律

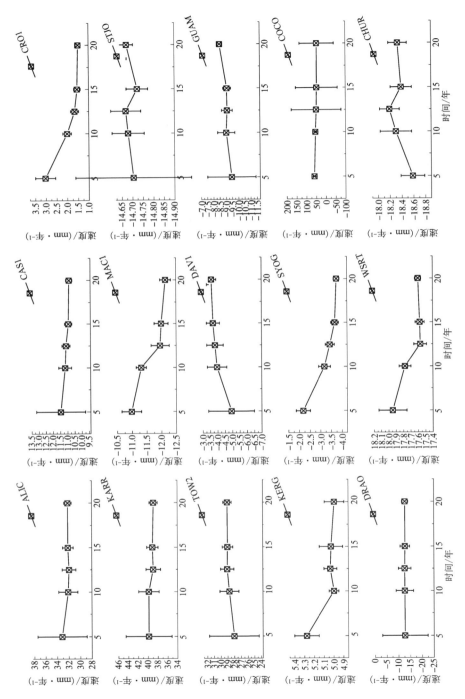

图4-5 不同测站东方向速度及不确定性演化规律

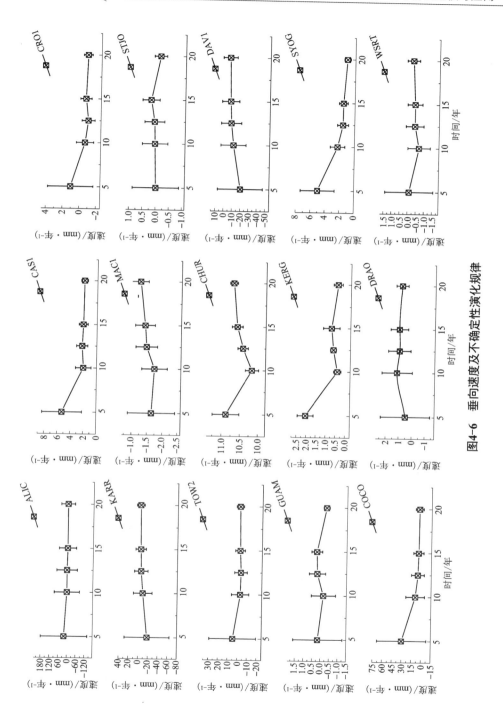

图4-6　垂向速度及不确定性演化规律

　　根据 4.1.5 分析结果可知，当时间跨度为 5 年时，由于观测序列相对较短，噪声模型估计结果存在一定的发散性。当时间跨度增大到 10 年时，噪声模型趋于平稳。当跨度增大到 12.5 年及以上时，表 4-11 中站点最佳噪声模型不再发生变化。结合时间序列噪声模型的变化规律对站点速度及其不确定性进行分析。

　　从图 4-5 东方向速度及不确定性随着时间变化的演变情况可以看出，在噪声模型非平稳状态下（即时间跨度为 5 年的时间序列）估计出的站速度不确定性较大，当跨度增大到 10 年时速度不确定性有明显减小，当增大到 12.5 年后，速度变化趋于平稳。所分析的 15 个站（除了 COCO 站存在异常）均表现出随着时间序列长度的增长，速度估计值趋于稳健，并且估计速度的不确定性有显著的提高。对于东方向中出现异常的 COCO 站，其坐标时间序列主要表现为 FN+RW+WN 噪声特性，且其噪声模型较稳定；经分析发现 COCO 测站位于科克斯群岛，受到同震及震后变形的影响较大，根据 SOPAC 的观测日志资料，由于受地震影响，COCO 站在 2000 年 171 年积日东方向产生了 35.052 mm 的位移。另外在 2000 年、2004 年、2007 年、2014 年 COCO 站发生了不同程度的 Offset（同震形变引起），因此 COCO 站点不稳定，其速度及不确定性变化较大。

　　从图 4-4 坐标北方向速度及不确定性随时间变化的演变情况看，随着时间序列长度的增长（10~12.5 年跨度后），绝大部分测站速度估计值趋于稳健，并且速度估计的不确定性有着显著的提高。另外，北方向中 GUAM 测站不确定性存在一些异常，即随着时间跨度的增加，速度估值波动较明显，且速度的不确定性不稳定。SOPAC 的 Offset 资料表明 GUAM 站在 2002 年 117 年积日北方向发生了 -14.751 mm 的阶跃。同样的规律在坐标垂向分量也得到印证。另外，对图 4-4~图 4-6 中 45 个坐标分量时间序列进行分析，发现速度不确定性较大的绝大部分测站（如东方向的 COCO，北方向的 ALIC、GUAM、KERG，垂向的 ALIC、KARR、DAV1、COCO）的最佳噪声模型为 FN+RW+WN，即随机游走分量的存在，使得速度精度变得不可靠，不确定度变大。因此在实际应用中，若站点呈现出明显的随机游走分量，应进一步研究，以降低随机游走噪声的影响，提高速度的可靠性。

　　综上所述，测站的速度及其不确定性与坐标时间序列跨度存在较大的相关性，短时间序列获取的速度参数，尤其是速度不确定性存在较大的波动（即发散），且速度不确定性偏大。随着时间序列跨度的增加，当时间跨度为 10~12.5 年时，速度及其不确定性趋于平稳，且速度估计的不确定性有着显著的提高。因此，采用 GNSS 坐标时间序列进行高精度地球物理应用研究时，尤其是在速度场方面，应指出所获取的速度场所对应的时段，且尽量采用长于 10 年的时间序列以减小噪声对坐标时间序列中速度及其不确定性的影响。

4.1.6　噪声模型对 GNSS 站速度估计的影响研究

已有的研究表明噪声模型对速度估计参数影响较大,尤其是对速度不确定性的影响。当噪声模型选取不恰当时(如仅考虑白噪声时),GNSS 速度估计的方差可能被低估 5~11 倍。对此本书对一个区域网(包含 8 个站点)进行位移速度场估计,探讨不同噪声模型下速度参数的稳定性及其差异。

经 Hector 进行噪声估计后,通过 AIC/BIC 估计得到不同站点的最佳模型,其中 AIC、BIC 的值最小时,该模型为最佳噪声模型。表 4-12 列出了 GGM、FN+WN、PL、FN+RW 模型下,AIC、BIC 最小值的分布情况。

表 4-12　不同模型下 AIC/BIC 最小值分布结果　　　单位:mm

模型	E 方向		N 方向		U 方向	
	AIC	BIC	AIC	BIC	AIC	BIC
GGM	0	1	0	1	1	1
FN+WN	6	6	5	5	5	4
PL	2	1	3	2	1	2
FN+RW	0	0	0	0	1	1

从表 4-12 可以看出,AIC、BIC 值一致性比较好,大部分情况下,AIC/BIC 在同一个模型下达到最小值,即表示同一模型为最佳模型。但当 AIC、BIC 存在差异时,即 AIC、BIC 不在同一模型下出现最小值时,建议选择 BIC 最小的模型作为最佳模型。由表 4-12 可知,FN+WN 为该区域内测站的最佳模型,另外部分站点呈现出 PL、GGM、FN+RW 模型特性。即噪声模型呈现出多样性,与上述结论基本一致;不同的是不同噪声模型的比重有所差异,说明噪声模型与地理环境因素(如站点分布、站点周边环境)相关联。另外,从表 4-12 中可知区域网中 WHIT 测站表现出 FN+WN 噪声特性,即存在随机游走噪声特性,一般而言引发测站随机游走的影响因素主要包括:测站本身不稳定引起的站点不规则运动,构造运动、Offset 等引起的站点运动等。通过检查 WHIT 的观测日志及相关资料,发现 WHIT 测站(见图 4-7)位于滑坡多发区域(juan de fuca-North america JDF-NAM slip),由于滑坡的影响,WHIT 站发生出随机游走噪声特性。

对测站的位移变化率进行分析,发现该区域内最佳噪声模型下的速率总体呈现出向西(西南)方向运动趋势,其中 GOLD 站存在异常,朝东(东北)方向运动,主要原因是受圣安德烈亚斯断层运动的影响。

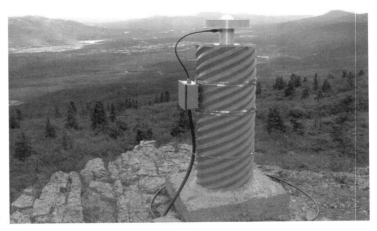

图 4-7　WHIT 测站观测墩及周边环境

为了分析不同噪声模型对速度及其不确定性的影响，以 FN+WN 为基本模型，对不同模型下估计的速度及不确定性进行比较分析，结果表明，不同噪声模型对速度估值存在较大的影响，对不同模型下速度及其不确定性的分析表明，不同模型下 E、N、U 方向的速度差异最大可达 0.158 mm/年、0.264 mm/年、0.654 mm/年，尤其在速度的不确定性上，这种差异更明显。表 4-13 为 FN+WN 噪声模型与 GGM、PL、WN 模型下对应的速度不确定性比较结果。

表 4-13　不同噪声模型下速度不确定性比较结果

测站	(FN+WN)/GGM			(FN+WN)/PL			(FN+WN)/WN		
	E	N	U	E	N	U	E	N	U
BRMU	2.6	2.9	3.0	2.2	2.8	2.9	2.7	10.8	4.2
CHUR	3.5	4.1	3.1	3.5	4.1	3.0	5.2	10.8	19.4
CRO1	2.3	3.0	3.0	2.0	2.9	2.9	2.3	7.1	8.3
DRAO	7.1	4.2	17.0	4.7	3.2	2.9	14.5	22.6	30.6
GOLD	1.9	2.5	3.5	1.9	2.2	3.2	2.1	13.3	12.5
SCH2	3.2	1.8	2.8	3.1	1.7	1.5	4.6	14.4	19.2
STJO	2.4	2.4	2.5	2.3	2.3	2.6	2.7	2.7	11.3
WHIT	2.7	2.4	1.7	2.5	1.3	0.9	2.5	20.1	17.3
均值	3.2	2.9	4.6	2.8	2.6	2.5	4.6	12.7	15.4

从表 4-13 可知,假定最佳模型为 FN+WN,其速度误差与 GGM、PL、WN 噪声模型下速度误差相比被过低估计了,即闪烁噪声+白噪声模型下三坐标分量的速度误差分别是 GGM、PL、WN 模型下的 2.8~4.6、2.6~12.7、2.5~15.4 倍。

综上所述,噪声模型对站速度估计的影响较大,尤其是对速度不确定性的影响。速率精度估计过高造成的结果是把不可靠的数据当成可靠的数据去使用,实际上数据已经无法满足精度要求,给高精度 GNSS 应用带来极大危害。因此,准确地估计 GNSS 坐标时间序列噪声模型,对高精度 GNSS 应用具有重要意义。

4.1.7 负载效应及 CME 对噪声模型估计的影响

GNSS 坐标时间序列中存在季节性的非线性变化,主要源自未改正的负载效应及 CME。在实际应用中,往往需要对非线性信号进行改正。因此有必要对负载效应及其 CME 对噪声模型的影响进行分析,探讨负载效应与 CME 对噪声模型的影响及其规律。为了分析负载效应和 CME 对噪声模型的影响,所用站点经负载与空间滤波后对其坐标时间序列进行相应的噪声模型估计分析。

噪声数据处理采用极大似然估计方法,表 4-14 为区域一中站点负载效应及 CME 改正前后三坐标分量的最佳噪声模型结果。

表 4-14 区域一中测站滤波前后最佳噪声模型

测站	E 方向		N 方向		U 方向	
	改正前	改正后	改正前	改正后	改正前	改正后
BAMF	PL+WN	FN+WN	PL+WN	FN+WN	PL	FN+WN
CHWK	PL+WN	FN+WN	PL+WN	FN+WN	FN+WN	PL
KTBW	PL+WN	FN+WN	FN+WN	PL	PL	FN+WN
NANO	PL+WN	FN+WN	FN+WN	FN+WN	PL	FN+WN
PABH	PL+WN	FN+WN	FN+WN	FN+WN	PL	FN+WN
SEAT	PL+WN	FN+WN	FN+WN	FN+WN	PL	PL
SEDR	PL+WN	FN+WN	FN+WN	FN+WN	FN+WN	FN+WN
UCLU	PL+WN	PL+WN	FN+WN	PL+WN	PL	FN+WN

从表 4-14 可知经负载改正及滤波后,三坐标分量的噪声模型(约 70%)发

生了改变，且负载效应与 CME 改正之前，所选站点三坐标的噪声模型一致性比较好，改正前 E 方向主要表现为 PL+WN 模型，改正后主要呈现出 FN+WN 型，且 95%以上的站点噪声模型发生了改变。在北方向，负载效应及 CME 修正前主要表现为 FN+WN 模型，部分站最佳模型为 PL+WN 模型。负载效应及 CME 修正前，E 方向主要呈现出 PL+WN 模型（约 64.2%），与区域一不同的是，区域二中存在 5 个站（HUNT、MNMC、LOWS、MASW、MNMC、RWCH）E、N 分量的最佳噪声模型为 FN+RW+WN，即存在随机游走噪声，主要受帕克菲尔德地震影响。负载及 CME 修正前区域二中站点 E、N、U 三分量最佳噪声模型主要表现出 FN+WN、FN+RW+WN、PL、GGM 模型特性，相比区域一，区域二中噪声模型更具多样性，且经负载及 CME 改正后 90%以上站点模型发生了改变。与区域一不同的是，区域二中站点修正后，经 MLE 估计获得的站点最佳模型也不一致，这也表明不同测站的时间序列噪声模型存在差异。经负载修正与 CME 分离之后，噪声模型发生了变化，表明负载效应与 CME 对噪声模型的影响较大，且在不同区域下其影响不一致，在相对较大（相对区域一）的区域内，其噪声模型也存在局部差异，主要受测站周边环境的影响（如强震信号、Offset 的影响等）。由负载、CME 改正后序列的最佳噪声模型改变可以得出结论：负载效应与 CME 在大尺度空间下存在差异，即有色噪声存在区域性特征。因此传统下的 CME 具有一致的空间响应存在一定的局限性，也印证了分块区域滤波的必要性。

4.2 北斗/GNSS 共模误差空间响应机制及分离方法研究

Wdowinsk（1997）、Nikolaidis（2002）等指出 GNSS 坐标时间序列中存在与时空相关的噪声，称之为共模误差（common mode error，CME）。国内外学者提出了堆栈滤波、PCA 滤波、加权滤波等分离 CME 的方法。目前 CME 已被广泛认为是 GNSS 坐标时间序列数据误差的主要来源之一，对 GNSS 解的精度及可靠性影响较大。

然而关于共模误差的定义与起源目前尚没有明确的定论。通过对国内外学者关于 CEM 的相关研究进行总结归纳，初步提出了 CME 的定义，其内容如下：CME 是指 GNSS 坐标时间序列之间存在的一种与时空相关的误差，广泛存在于几十公里、数百公里区域的 GNSS 网中（最大尺度达 2000 公里），主要与测站外部环境因素及未模型化系统误差相关。其物理起源主要包括以下几个方面：

①模型引起的偏差（mismodelling error）：主要包括轨道模型误差（如在小区

域 GNSS 网中，同时接收相同的卫星，从而存在一致的卫星轨道误差、卫星钟差、天线相位中心改正等）、地球旋转参数误差（mismodeling of earth orientation parameters）。

②未模型化的测站外部环境因素：大气效应、水文效应、小规模（区域性）的地壳变形影响。

③系统误差影响：软件、算法及数据处理策略等不完善而引起的系统误差。

4.2.1　共模误差及其分离方法

为了分离、提取 CME，提高坐标时间序列的精度，国内外学者对其进行了相关研究。Wdowinski et al.（1997）最早提出堆栈滤波的方法对连续运行的 GNSS 站坐标时间序列进行 CME 滤波。由于 GNSS 残差时间序列包含一系列的噪声，如白噪声、闪烁噪声、随机游走噪声，经过堆栈滤波去除 CME 后残差时间序列的噪声振幅有所减小，一定程度上提高了坐标时间序列的精度。Wdowinsk 提出的堆栈滤波方法的缺陷是该方法假定 CME 是均匀分布的，即 GNSS 网中所有测站在同一历元具有相同的 CME。Nikolaidis（2002）对其进行了改进，指出当测站之间的精度（或者稳定性）不相同时，堆栈方法计算得到的 CME 并不准确；进而提出了加权堆栈方法，考虑了不同测站的先验误差，并将其作为权重进行 CME 滤波。该方法的缺陷是忽略了站点之间的相关性，仅适合于小区域且 CME 近似均匀分析的情况。Dong（2006）提出了 PCA/KLE 相结合的空间滤波方法，该方法考虑了测站之间的时空相关性，通过经验正交变换的方法取前几个贡献率较大的主分量进行 CME 的分离。上述 CME 分离方法取得了一定的研究成果，但仍然存在一些不足之处。随着高精度 GNSS 应用需求不断增加，尤其是大尺度、全球范围内的应用（如框架维持），对 GNSS 坐标时间序列的精度提出了更高的要求。在大空间尺度下，GNSS 网中站点 CME 是否均匀分布，若不均匀分布，CME 的影响因素及时空变化是否有一定的规律，以及如何进行子区域的划分，不同的区域划分是否存在差异还有待进一步研究。因此探讨 CME 的最佳滤波方法，提高坐标时间序列的可靠性及精度，是 GNSS 坐标时间序列研究的关键问题之一，也是本书研究的出发点。

4.2.2　GNSS 共模误差的空间响应机制分析

考虑到 CME 的物理起源尚不明了，同时目前对其时空响应机制缺乏深入的研究，使得 CME 的分离存在一定的局限性，尤其是在大尺度范围内的 GNSS 网中，给准确、可靠地分离出 CME 造成一定的困难。针对共模误差分离方法中存在的上述问题，以美国南加州区域的一个 GNSS 网为例，通过对不同尺度下的 GNSS 网进行共模误差分离处理，分析共模误差的空间分布特性，探讨共模误差空间响应机制及其最佳分离策略。

1. GNSS 坐标时间序列处理

为了研究不同尺度下共模误差的时空变化，本书选取了 ITRF2008 框架下美国南加州及周边区域的一个 GNSS 网为例，分析不同尺度下共模误差的空间分布及其变化规律。本书以 3 个 GNSS 站（BEMT，PIN1，MONP）为中心，通过控制 GNSS 网的尺度，不断增加 GNSS 网的大小，使其从小区域网逐渐扩展为大尺度的网形。根据距离划分多尺度 GNSS 网区域，最大尺度的 GNSS 网包含 39 个站。通过对测站的时间序列进行处理，探讨不同尺度下 GNSS 网的共模误差空间变化。

通过对 GNSS 站 2001—2006 年的连续观测数据进行计算处理与分析，获取 GNSS 坐标时间序列，步骤如下：

①首先采用 GAMIT 软件对站点的原始观测数据进行处理，选取的站点数据时间跨度为 2001—2006 年，数据要求观测时间大于 2.5 年，数据的缺失程度小（本节数据平均缺失的比率为 1.46%）。GNSS 单日解以 24 h 的观测数据为基本单位，通过数据处理获得各 GNSS 站点的三维坐标以及相关参数（速度等），形成单日解。

②在统一的基准下（ITRF2008），结合 SOPAC 的单日解时间序列（GIPSY 解算结果），通过公共站点和卫星，采用 QOCA 软件对单日解进行联合解算（GAMIT 与 GIPSY 的权重比为 1∶2.4），解算得到 GNSS 坐标时间序列及其相关参数的估值。在数据处理过程中，对数据质量进行控制，如在进行 GNSS 网平差过程中给定 E、N、U 三坐标分量的限制（分别为 30 mm、30 mm、100 mm）。一旦观测值的残差超过这个值就认为是过于弱的观测，并予以剔除。解算后的 GNSS 原始坐标时间序列见图 4-8（a）（限于篇幅，以 PIN1 站点为例）。

2. 坐标时间序列预处理

原始时间序列中包含速度项、阶跃（Offset）以及地震引起的站点位移等，对 GNSS 坐标时间序列进行后处理分析前，需要对其进行去趋势、去周期项、阶跃改正等处理。

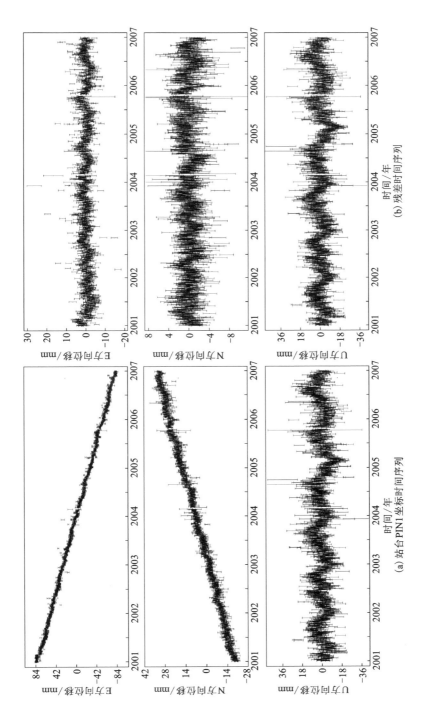

图 4-8　站点 PIN1 时间序列

根据本书前述章节内容可知，GNSS 单站、单分量位置时间序列通常满足模型：

$$y(t_i) = a + bt_i + c\sin(2\pi t_i) + d\cos(2\pi t_i) + e\sin(4\pi t_i) +$$

$$f\cos(4\pi t_i) + \sum_{j=1}^{n_j} g_i H(t_i - T_{hj}) + \sum_{j=1}^{n_h} h_i H(t_i - T_{hj})t_i +$$

$$\sum_{j=1}^{n_k} kj\exp[-(t_i - T_{hj})t_i/\tau_j)]H(t_i - T_{kj}) + v_i \qquad (4\text{-}4)$$

根据模型(4-4)对 GNSS 坐标时间序列建模，以便对时间序列进行后续的分析。

通过对单日解观测时间序列建立时间序列模型，对原始时间序列去除速度、阶跃、指数和对数衰减等项，最后得到残差时间序列[图 4-8(b)]。从图 4-8(b)可以看出，GNSS 测站的残差时间序列存在较大的上下变化趋势(上下波动)，且坐标分量(NEU)的中误差较大；此外，从表序列的长期变化趋势可知其存在明显的季节性变化趋势(周期性)，这种季节性变化趋势在垂向表现尤为明显。

另外对于位于地震活跃地带的站点，由于受地震运动的影响，站点发生位移以及同震形变、震后余滑等现象。如果不对地震运动引起的瞬时运动进行探测及改正，那么 GNSS 站点估计结果(如速度估计、噪声模型估计等)会产生偏差，甚至影响参数估值的准确性，导致分析结果不可靠，甚至给出错误的地球物理解释。MASW、MNMC、RNCH、HUNT、LOWS 5 个站位于地震活跃区域，由于受帕克菲尔德地震的影响，需要对其进行构造信号改正。图 4-9 为 MASW 站原始坐标时间序列及进行构造信号改正后的结果。从图 4-9 信号改正前后坐标时间序列的对比可知，MASW 站在 2004.7 时刻附近有较大的位移突变，表现为 GNSS 坐标时间序列的不连续，即存在不同程度的跳跃变化，这说明该时间点附近发生过某种构造运动引起的地壳形变。根据历史地震观测记录资料可知，MASW 所在区域分别于 2003 年 12 月 22 日发生过 6.5 级 San Simeon 地震以及 2004 年 9 月 28 日发生过 6.0 级 Parkfield 地震，与 MASW 时间序列所出现的跳跃相符。为了进一步揭示地震后的地壳运动过程，对原始坐标时间序列进行跳跃项(jump)、速度项、阶跃(Offset) 消除处理，获得剩余残差坐标时间序列(图 4-9)。从图 4-9(b)可以看出，去除地震运动引起的测站突变(跳跃信号) 后，测站仍然存在一定程度的震后形变，称之为震后余滑(after-slip)。Andrew(2007)的研究表明震后形变一般为指数对数衰减型，与本书的结果相吻合。采用 QOCA 对 MASW 测站进行地震信号改正后的结果见图 4-9(c)，从图 4-9 可知除指数和对数衰减项得到了较好的分离。另外通过对长周期的 GNSS 坐标时间序列进行分析，可以较好地监测地表形变，也为地震信号监测提供可能。

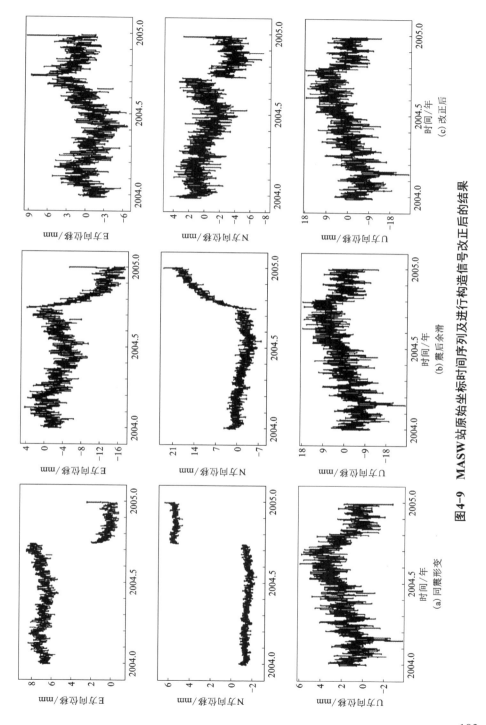

图4-9　MASW站原始坐标时间序列及进行构造信号改正后后的结果

3. 共模误差的空间响应分析

为了分析共模误差在空间尺度上的规律，以 GNSS 测站网中 3 个站点（BEMT，PIN1，MONP）为中心，逐渐将 GNSS 网的尺度增大，共划分 9 个尺度空间，空间尺度分别为 100 km、200 km、420 km、550 km、660 km、810 km、1000 km、1660 km、2000 km。

在数据处理过程中，对不同尺度的 GNSS 网及其时间序列采用相同的处理策略，然后对残差时间序列采取 PCA/KLE 的空间滤波方法对共模误差进行分离。在对 GNSS 坐标残差时间序列进行 PCA 主分量滤波分离共模误差之前，考虑到环境负载会对 GNSS 坐标时间序列非线性变化产生影响，本书通过采用第四章所述方法对 GNSS 测站坐标时间序列做负载改正，对海潮、大气、积雪和土壤水、非潮汐海洋 4 项负荷效应进行负载改正。最后分别对不同尺度下的 GNSS 网进行 PCA 空间滤波处理，PCA 滤波后各 GNSS 测站的残差坐标时间序列进行分析。图 4-10 给出了不同尺度下 PCA 滤波后，3 个中心站的残差时间序列的加权均方根误差（WRMS）。

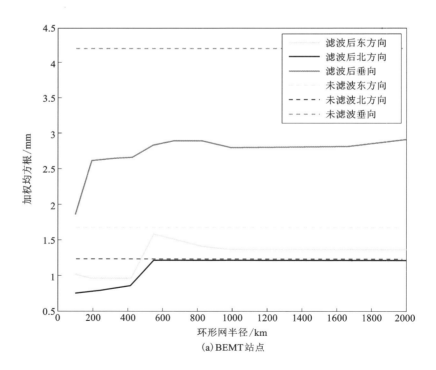

（a）BEMT站点

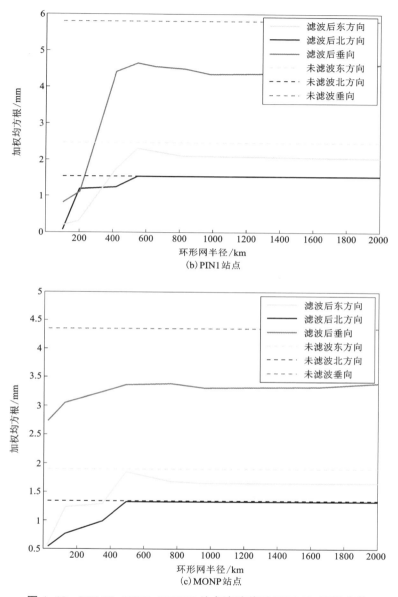

(b) PIN1 站点

(c) MONP 站点

图 4-10   BEMT、PIN1、MONP 站点滤波前后 WRMS-距离曲线

图 4-10 中虚线为滤波前站点的 WRMS,实线为滤波后 WRMS 值。从图 4-10 可以看出,滤波前 BEMT、PIN1、MONP 3 个站点 E 方向的 WRMS 分别为 1.665 mm、2.468 mm、1.966 mm;N 方向的 WRMS 分别为 1.233 mm、

1.532 mm、1.381 mm；U 方向的 WRMS 分别为 4.213 mm、5.795 mm、4.544 mm。对不同尺度下滤波后的 WRMS 进行统计分析，以此来比较不同尺度下共模误差的分离效果。从图 4-10 滤波后的 WRMS 与距离之间的关系曲线可以得知，WRMS 值总体上是随着距离的增加而增加，表明随着距离增加测站之间相互关系减弱，即共模误差在小区域内效果较好，在大尺度空间下，共模误差更加难提取处理，这可能是共模误差在大尺度下的不均匀(一致性)引起的。

在距离小于 420 km 时共模误差的滤波效果较明显，在这个区间随着距离的增加 WRMS 增加明显，曲线斜率大，距离为 420~600 km 的时候 WRMS 的增加变缓慢。距离大于 600 km 时 E 方向和 N 方向的 WRMS 几乎不再发生变化，距离超过 1000 km 后 U 方向的 WRMS 也不再变化。空间滤波后在 100~200 km 尺度空间上 WRMS 提取效果最好，BEMT、PIN1、MONP 3 个站点 E、N、U 方向的 WRMS 减少最明显。图 4-10 中各条曲线超过 420 km 后 WRMS 的曲线斜率基本不再发生变化且滤波效果较差。根据这一曲线的变化趋势，笔者选取 200 km(表 4-15)、420 km(表 4-16)、600 km(表 4-17)、1000 km(表 4-18)这 4 个区域的所有测站进行研究。

表 4-15　200 km 区域空间滤波前后残差坐标时间序列 WRMS 对比　单位：mm

站点	N 方向		E 方向		U 方向	
	滤波前	滤波后	滤波前	滤波后	滤波前	滤波后
BEMT	1.233	0.763	1.665	0.952	4.213	2.628
PIN1	1.532	1.171	2.468	0.277	5.795	1.094
MONP	1.381	0.778	1.966	1.260	4.544	3.165
BBRY	2.111	0.274	2.038	1.194	4.293	3.391
ECFS	1.234	0.628	1.801	0.971	3.789	2.660
MAT2	1.151	0.573	1.744	0.806	4.33	2.713
MJPK	1.287	0.713	1.893	0.959	4.994	2.219
RDMT	1.307	0.721	1.712	1.010	3.983	2.288

表 4-15 的数据说明在 200 km 空间尺度下区域滤波以后各站点在 E、N、U 方向坐标分量上 WRMS 平均减少百分比分别为 49.89%、47.64%、42.92%；400 km 尺度下时间序列残差的 WRMS 平均减少 0.982 mm、0.792 mm、1.973mm。表 4-16 说明在 400 km 空间尺度下区域滤波以后各站点在 N、E、U 方向上的加权均方根均有减少，但减少幅度小于 200 km 尺度。

表 4-16　400 km 区域空间滤波前后残差坐标时间序列 WRMS 对比　单位：mm

站点	N 方向		E 方向		U 方向	
	滤波前	滤波后	滤波前	滤波后	滤波前	滤波后
BEMT	1.233	0.856	1.665	0.965	4.213	2.661
PIN1	1.532	1.217	2.468	1.703	5.795	4.397
MONP	1.381	1.018	1.966	1.319	4.544	3.358
BBRY	2.111	1.462	2.038	1.334	4.293	3.919
ECFS	1.234	0.73	1.801	1.02	3.789	2.711
MAT2	1.151	0.652	1.744	0.815	4.33	2.726
MJPK	1.287	0.787	1.893	0.992	4.994	2.291
RDMT	1.307	0.746	1.712	1.007	3.983	2.42
UCLP	1.37	0.787	1.751	0.986	4.468	2.77
BVPP	1.264	0.846	1.652	1.057	4.18	3.301
CUHS	2.533	0.238	3.086	0.205	4.075	1.026
LNCO	1.169	0.745	1.761	1.141	4.305	3.284

对尺度大于 600 km 的空间中区域滤波进行分析，从表 4-16、表 4-17 可知各站点在 N、E、U 方向上的加权均方根均有减少，但减少幅度明显小于 400 km 区域上的各站点。这些站点中 MNMC，MASW，HUNT、RNCH 在 E、N 或 U 方向未滤波的时候 WRMS 超过 10 mm，在这种情况下判定这些站点的本地效应为较严重。根据地震记录及 SOPAC 发布的阶跃日志（ftp：//sopac-ftp. ucsd. edu/pub/gamit/setup/site_Offsets. txt）可知该区域 2003 年 12 月 22 日发生了 6.5 级 San Simeon 地震，2004 年 9 月 28 日发生了 6.0 级 Park field 地震，即上述站点发生了不同程度的阶跃，与上述 WRMS 的异常判断相符合。在 PCA 提取共模误差时，由于阶跃的影响主分量中包含本地效应，影响共模误差提取，因此应该剔除这些阶跃站点。

表 4-17　600 km 区域空间滤波前后残差坐标时间序列 WRMS 对比　单位：mm

站点	N 方向		E 方向		U 方向	
	滤波前	滤波后	滤波前	滤波后	滤波前	滤波后
BEMT	1.233	1.205	1.665	1.509	4.213	2.884
PIN1	1.532	1.518	2.468	2.194	5.795	4.527
MONP	1.381	1.364	1.966	1.835	4.544	3.509

续表4-17

站点	N 方向		E 方向		U 方向	
	滤波前	滤波后	滤波前	滤波后	滤波前	滤波后
BBRY	2.111	1.861	2.038	1.920	4.994	4.044
ECFS	1.234	1.242	1.801	1.661	4.293	2.873
MAT2	1.151	1.144	1.744	1.552	4.33	2.773
MJPK	1.287	1.284	1.893	1.686	3.789	2.551
RDMT	1.307	1.214	1.712	1.572	3.983	2.608
UCLP	1.37	1.233	1.751	1.658	4.468	2.934
BVPP	1.264	1.221	1.652	1.445	4.61	3.361
CUHS	2.533	1.873	3.086	2.297	7.054	3.955
LNCO	1.169	1.139	1.761	1.502	4.797	3.135
MASW	10.604	3.612	10.28	1.917	4.18	2.394
MNMC	15.519	6.228	7.313	3.937	4.914	2.714
RNCH	10.981	4.154	14.992	5.646	4.305	2.694
HUNT	13.328	4.742	10.123	3.105	4.23	2.737
LOWS	6.713	2.367	8.17	1.590	4.075	2.543
SAOB	1.496	1.411	1.805	1.585	4.383	3.222
CMBB	1.781	1.758	1.998	1.885	6.955	4.504
MHCB	1.295	1.258	1.723	1.521	4.082	3.075
SODB	1.628	1.615	1.889	1.700	6.063	4.545
EGAN	1.175	1.162	2.059	1.977	4.411	3.747

表 4-18　1000 km 区域空间滤波前后残差坐标时间序列 WRMS 对比　单位：mm

站点	N 方向		E 方向		U 方向	
	滤波前	滤波后	滤波前	滤波后	滤波前	滤波后
BEMT	1.233	1.203	1.665	1.366	4.213	2.8
PIN1	1.532	1.518	2.468	2.051	5.795	4.335
MONP	1.381	1.363	1.966	1.704	4.544	3.456
BBRY	2.111	1.864	2.038	1.764	4.994	4.011
ECFS	1.234	1.242	1.801	1.467	4.293	2.887
MAT2	1.151	1.144	1.744	1.328	4.33	2.827

续表4-18

站点	N 方向		E 方向		U 方向	
	滤波前	滤波后	滤波前	滤波后	滤波前	滤波后
MJPK	1.287	1.283	1.893	1.506	3.789	2.514
RDMT	1.307	1.214	1.712	1.408	3.983	2.532
UCLP	1.37	1.232	1.751	1.477	4.468	2.97
BVPP	1.264	1.218	1.652	1.279	4.61	3.381
CUHS	2.533	1.874	3.086	2.226	7.054	4.967
LNCO	1.169	1.136	1.761	1.3	4.797	3.146
MASW	10.604	3.581	10.28	2.293	4.18	2.487
MNMC	15.519	6.215	7.313	3.65	4.914	2.773
RNCH	10.981	4.147	14.992	5.335	4.305	2.763
HUNT	13.328	4.663	10.123	3.077	4.23	2.8
LOWS	6.713	2.307	8.17	1.843	4.075	2.617
SAOB	1.496	1.406	1.805	1.387	4.383	3.167
CMBB	1.781	1.757	1.998	1.72	6.955	5.097
MHCB	1.295	1.255	1.723	1.301	4.082	2.972
SODB	1.628	1.613	1.889	1.506	6.063	4.629
EGAN	1.175	1.16	2.059	1.833	4.411	3.68
MONB	1.484	1.182	1.77	1.294	5.05	3.435
NEWS	1.143	1.121	1.765	1.473	4.126	3.339
UPSA	1.146	1.148	1.596	1.236	3.706	2.861
FARB	1.201	1.153	1.917	1.555	4.919	3.969
TUNG	1.21	1.116	1.783	1.339	5.219	3.846
GARL	1.239	1.229	1.773	1.426	5.359	4.513
ORVB	1.164	1.139	1.693	1.272	4.713	3.798

图 4-11(a)~(c)为 400 km 尺度下,滤波前后 WRMS 减少百分比曲线图,该曲线表明,在 E、N、U 方向坐标分量上 WRMS 平均减少约 44.51%、39.72%、37.05%。图 4-11(d)~(f)为 1000 km 尺度下滤波前后 WRMS 减少百分比曲线,结果表明在 E、N、U 方向坐标分量上 WRMS 平均减少约 21.44%、6.88%、26.26%。对两种尺度空间上所有站点 WRMS 进行比较发现各个方向 WRMS 平

均减少百分比在 420 km 尺度下均比在 1000 km 尺度下要大，而且 600 km、1000 km 空间区域滤波中 WRMS 的减少百分比大多都在 20% 以下，400 km 尺度下大部分站点的 WRMS 减少百分比都在 30% 至 40% 之间，200 km 的时候点的 WRMS 减少都在 40% 以上。结合图 4-10 可以得出空间尺度大于 600 km 的时候，PCA 区域叠加滤波方法效果不明显。

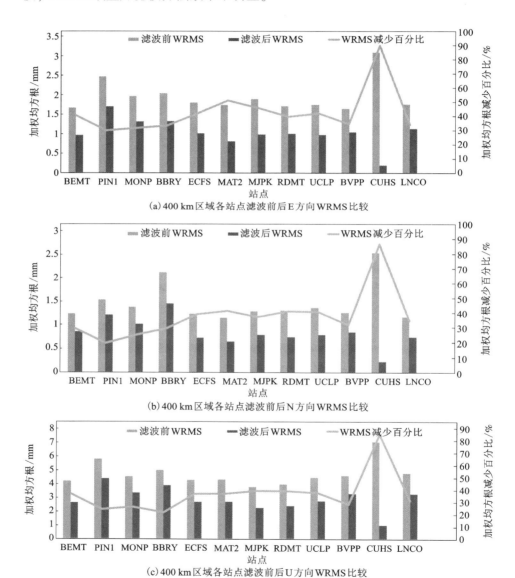

(a)400 km 区域各站点滤波前后 E 方向 WRMS 比较

(b)400 km 区域各站点滤波前后 N 方向 WRMS 比较

(c)400 km 区域各站点滤波前后 U 方向 WRMS 比较

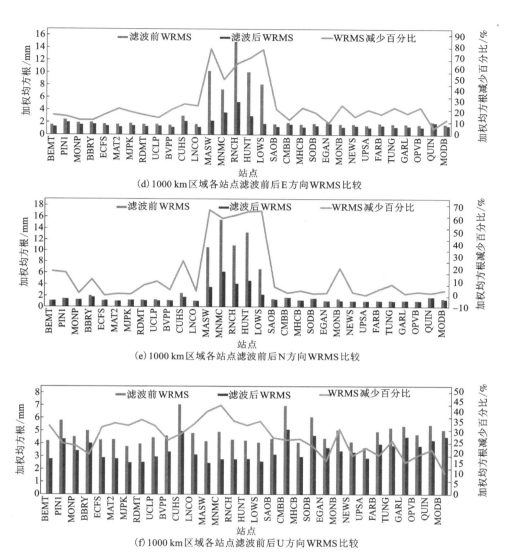

图 4-11　400 km 与 1000 km 各站点滤波前后 WRMS 比较

4.2.3　广义共模误差分离方法

CME 在大尺度空间下并不是严格一致的，因此经典的主成分分析时空滤波方法存在一定的局限性，甚至可能分离出错误的共模误差分量，进而对一些地球物理现象给出错误的解释。

另外，传统的 CME 滤波方法大都建立在经典的 GNSS 时间序列模型上，CME 分离方法一般步骤是去趋势(trend)，去周期(seasonal term)，Offset 等信号改正之后，再对残差时间序列进行 CME 分离。近年来的研究表明 GNSS 坐标时间序列中不仅包含周年、半周年项，也包含其他周期信号(部分学者称谐波)，如准两年周期振荡(quasi-biennial oscillations，QBO)、异常周期信号等，即传统的基于正、余弦函数的周期性信号(常量周年、半周年振幅)拟合模型呈现出一定的局限性。此外，Yuan et al. (2008)对提取的 CME 序列进行了频谱分析，结果表明 CME 呈现出明显的周年、半周年变化趋势，即在滤波分离共模误差之前，在进行 GNSS 坐标时间序列去周期新信号过程中，可能将 CME 分量也包含进去了，进而使得 CME 分离不彻底；Klos et al. (2016)指出 CME 存在明显的周期性变化。基于此，在综合考虑了 CME 的潜在起源及影响因素、GNSS 时间序列模型的局限性以及 CME 的周期性特性基础上，提出了广义共模误差分离方法，以实现 CME 的准确分离，提高坐标时间序列的可靠性及其精度。

根据共模误差的潜在起源，采用单变量、多变量模式进行分析，将测站外部环境因素(主要通过负载效应进行评价)、经纬度及站点距离、本地效应(Offest 与 WRMS 进行评价)等地理环境因素作为评价因子，提出了适合大尺度下的广义共模误差(或称分块区域滤波法)的分离方法，为进一步提高 GNSS 坐标时间序列模型的精度提供依据，广义共模误差分离方法的基本流程见图 4-12。

广义共模误差分离方法的分析策略及步骤具体如下。

步骤 1：GNSS 单日解坐标时间序列解算(获取)。根据本书第 3 章的讨论与分析，联合解能有效地提高 GNSS 时间序列的精度，减小不同数据处理软件算法及模型的不完善、模型系统偏差等引入的解算误差，通过联合解能有效地降低模型偏差引起的 CME 分量。具体的 GNSS 单日解解算步骤及流程详见论文的第 3 章相关内容，在此不做赘述。最终获得 GNSS 单日解站坐标时间序列(E、N、U 方向坐标分量)。

步骤 2：对获取的 GNSS 单日解站坐标时间序列进行模型化，对于 GNSS 单站、单分量位置间序列进行描述。

步骤 3：一般在进行时间序列分析之前，需要对时间序列中包含的粗差、趋势速度项、均值、构造运动等产生的阶跃项予以扣除。另外，与传统方法不同的是，考虑到共模误差可能混叠在周年、半周年项里面，在对 GNSS 坐标时间序列进行共模误差分离时，若事先扣除周年、半周年项，会导致共模误差的分量混叠在周年、半周年项中，而不能准确地剔除。因此在残差时间序列中保

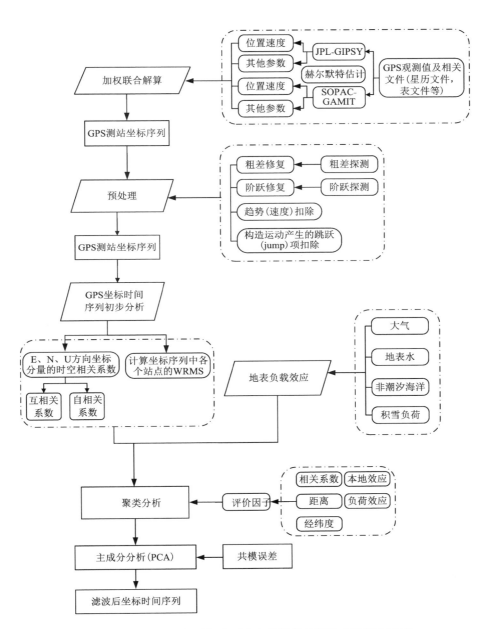

图 4-12　GNSS 坐标时间序列广义共模误差提取方法基本流程

留了周年、半周年项。阶跃的探
测及改正是数据处理中比较复杂
的一个问题，已有的研究表明仪
器更换天线或者接收机，测站周
边环境突变，发生强震都会引起
GNSS 测站产生阶跃(Offset)。如
果发生了阶跃，会影响参考框架
的稳定性和解算精度，产生系统
偏差(扭曲)，影响 CME 的准确分

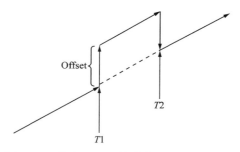

图 4-13　发生 Offset 的站点时间序列示意图

离。图 4-13 为发生 Offset 的站点序列示意图，从图 4-13 可知 Offset 的特点，
即对发生突变时刻后的数据产生影响，直至下一个跳变发生。

　　为了保证共模误差提取、分离的准确性，在进行共模误差处理之前，需要
对时间序列中潜在的 Offset 进行改正。本书采用以下方法进行 Offset 探测及改
正：对已知的 Offset，根据 IGS 发布的相关测站阶跃资料，即阶跃发生的时刻及
影响(见 ftp：//sopac-ftp. ucsd. edu/pub/gamit/setup/siteOffsets. txt)，编写相关
改正程序(图 4-14)进行改正(包含在 GTAS 软件中)，改正前后的坐标时间序
列见图 4-15(以 MASW 站为例)。

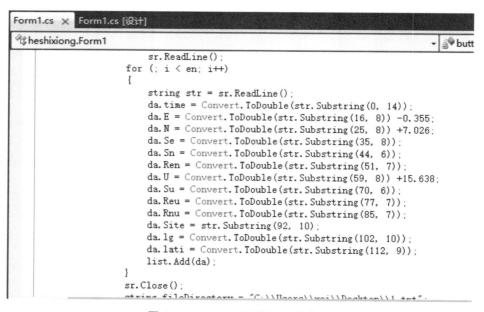

图 4-14　Offset 改正程序部分代码

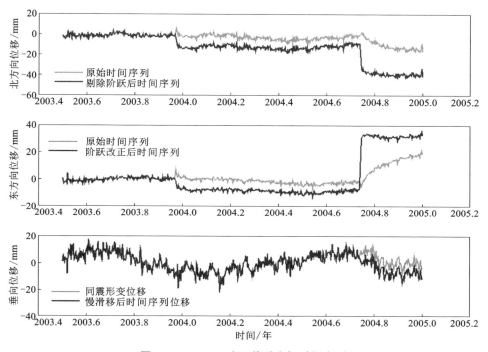

图 4-15　Offset 改正前后坐标时间序列

上述方法的缺陷主要为只针对 IGS 站进行改正，只能对过去的数据进行改正。对 SOPAC 未公布的 Offset（如自己观测的 GNSS 数据），建议采用 STARS（sequential test analysis of regime shifts）方法进行改正。

步骤 4：计算 GNSS 测站坐标时间序列（E、N、U 三坐标分量）之间的相关系数及其加权均方根（WRMS）大小。其中 WRMS 的计算主要是为了检验站点是否包含明显的本地效应。一般将加权均方根最大的点或者其值超过 GNSS 网中所有点的加权均方根的中误差的 2 倍的点，认为是包含强烈本地效应的点，应在噪声进行滤波处理之前去除，以防止将本地效应混叠到共模误差中，去除的这类点称为本地效应点。

测站坐标时间序列之间的相关性分析是指对两个或多个具备相关性的变量元素进行分析，从而衡量两个变量因素的相关密切程度，为共模误差提供相应的依据。相关性系数的公式为：

$$\rho = \frac{\sum XY - \frac{\sum X \sum Y}{N}}{\sqrt{\left(\sum X^2 - \frac{(\sum X)^2}{N}\right)\left(\sum Y^2 - \frac{(\sum Y)^2}{N}\right)}} \quad (4\text{-}5)$$

式中：X、Y 为与时刻 t 对应的 GNSS 测站坐标时间序列 E、N、U 方向坐标分量的位移时间序列。

步骤 5：站点空间分析。当区域较大时，由于共模误差的空间不均匀（一致）性，需要对站点的空间分布进行分析，将其划分为若干子网。子网的划分需要有一定的依据，不同的子网划分，可能对结果产生一定的影响。对于 GNSS 子网的划分我们提供以下几个划分因素：站点的经纬度、站点距离、站点坐标时间序列之间的相关性、WRMS 等分析结果的聚类分析，综合考虑上述因子，保证子网站点的共性。为了直观地反映站点之间的空间关系，便于对站点进行区域划分，采用论文前述的"GMT 交互式地学绘图工具"绘制测站空间分布图，根据站点的经纬度信息自动计算出站点之间的距离，并在图形中以中心圆（选定某测站为中心点）方式绘制站点图，作为共模误差区域划分的评价因子之一。

步骤 6：计算地表负载对 GNSS 测站位移的影响。采用 mload 程序分别计算大气、非潮汐海洋、积雪和土壤水负荷引起的测站位移（具体计算方法见第五章节）。通过负载改正，一方面可以提高坐标时间序列的精度，另一方面也可以减小测站外部环境因素引起的共模分量。同时通过分析地表负载的空间响应，为空间滤波的区域划分提供评价因子，判定子区域划分是否合理。

步骤 7：通过前述步骤 1~6，极大地消除了软件模型、解算策略、本地效应及构造运动的影响，同时顾及了共模误差的周期性，有助于真实反映共模误差的空间变化及周期性变化，为进一步提高 GNSS 坐标时间序列模型的精度提供依据。对步骤 6 中获得的残差时间序列采用主成分分析法对其共模误差进行分离时，取前 k 个主分量计算共模误差的值 $\varepsilon_i(t_i)$：

$$\varepsilon_i(t_i) = \sum_{k=1}^{p} a_k(t_i) v_k(x_j) \quad (4\text{-}6)$$

步骤 8：对步骤 7 中获得的主分量分析结果进行分析，如主分量的空间响应及其贡献率，若前 $k(k \leqslant 4)$ 个主分量的累积贡献率为 80% 以上且其空间响应较好，则接受；否则认为该方法不准确，将步骤 4~6 中得到的各站点的时空相关系数、本地效应点、经纬度、距离、地表负荷效应、评价因子，重新用来对其进行聚类分析及进行后续步骤，直至满足要求，以保证提取的共模误差的可靠性。

4.2.4　广义共模误差分离实验分析

为了验证广义共模误差方法的可行性及精度,结合实例对其进行验证。

1. GNSS 数据处理及预分析

为了保证数据分析结果的可靠性、普遍性及可移植性,首先对 GNSS 测站(观测数据)进行预分析,尽可能地减少与测站相关的误差。本书选取的测站考虑了以下几个因素。

首先,从 GNSS 坐标时间序列估计出准确的长期趋势和速度估值,一般要求 GNSS 坐标时间序列的长度超过 2.5 年。另外为了获得可靠的噪声模型,一般要求时间序列跨度为 5~7 年,甚至更长。

其次,GNSS 观测值的缺失会使得估计结果产生偏差,因此在站点选取中,应保证站点数据缺失率较低(建议小于 5%)。

最后,大多数 IGS 站建立在基岩上,其测站观测墩稳定,且数据等间隔采集。部分测站配有扼流圈天线,能有效地减弱多路径效应、站点随机游走等站点相关误差(本地效应)的影响。

根据上述 3 个原则对之前所分析的 39 个站进行筛选,最终选择了其中的 22 个测站进行处理。

GNSS 坐标单日解时间序列获取采用 4.2.3 章节中"步骤 1"所述的处理策略,解算得到站点坐标原始时间序列及相关参数[图 4-16(a),以 BAMF 站为例]。

从图 4-16(a)我们可以看出 BAMF 站呈现出长期趋势变化,即站点朝西南移动,站点垂向呈现出周期性波动。对 GNSS 坐标时间序列进行分析(如空间滤波、相关地球物理现象分析)之前往往需要对原始坐标时间序列进行去趋势、去均值、阶跃改正等处理。结合前文所述方法进行去趋势、阶跃改正处理后得到仅包含周年、半周年的残差时间序列,见图 4-16(b)。从图 4-16(b)中站点残差时间序列可以看出 N、E、U 三坐标分量的波动较大,残差时间序列中存在明显的周期性信号;N、E、U 三坐标分量的加权均方根误差分别为 1.985 mm、2.072 mm、5.864mm。所选站点中 MASW、MNMC、RNCH、HUNT 和 LOWS 站由于位于地震活跃地带,查阅记录的相关地震资料及 SOPAC 记录的阶跃信息可知,上述 5 个站点受帕克菲尔德 Mw 6.0 地震影响,诱发了阶跃。为了保证后续共模误差提取的准确性,对地震引起的阶跃根据 SOPAC 的改正数据,结合编写的程序,进行人工改正。

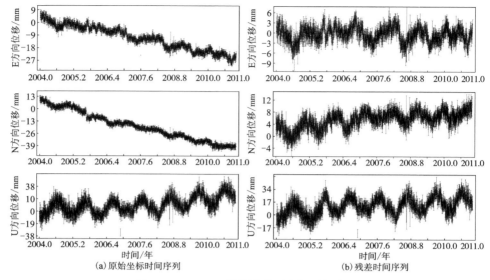

图 4-16　BAMF 站滤波前后坐标时间序列

2. GNSS 子网划分及负载效应分析

经数据处理后，获得仅包含周年、半周年信号的坐标残差时间序列。对站点特性进行分析，主要考虑站点分布（通过经纬度及站点图进行可视化分析），结合开发的 GNSS 坐标时间序列分析软件对站点坐标时间序列相关性进行分析，粗步将区域网划分为两个子区域（block1、block2），分别对子区域进行主成分分析空间滤波，并对整个区域进行整体滤波，对二者进行比较。

为了验证子区域的划分是否合理，采用 QOCA 软件分别计算了两个区域的负载效应，计算的负载包括大气、非潮汐海洋、积雪、地表水。图 4-17 为负载效应位移时间序列的绝对均值比较结果（绝对均值能真实地反映负载效应的响应及长期规律）。

从图 4-17 我们可以看出，不同的环境负载的影响在区域一、区域二中具有较好的一致性，其中大气负载位移、地表水引起的位移较大；另外，不同负载均在垂直方向上具有最大位移变化。除了一致性，区域一与区域二之间还存在差异性。例如，区域一中 8 个站点的大气、地表水、积雪和非潮汐海洋引起的垂向位移的均值分别为 1.8 mm、1.46 mm、0.34 mm 和 0.16 mm，而其在区域二中 14 个站点的均值分别达到了 0.89 mm、1.05 mm、0.05 mm 和 0.22 mm。这种差异表明负载效应在两个区域存在差异，但子区域内，不同站点的效应保

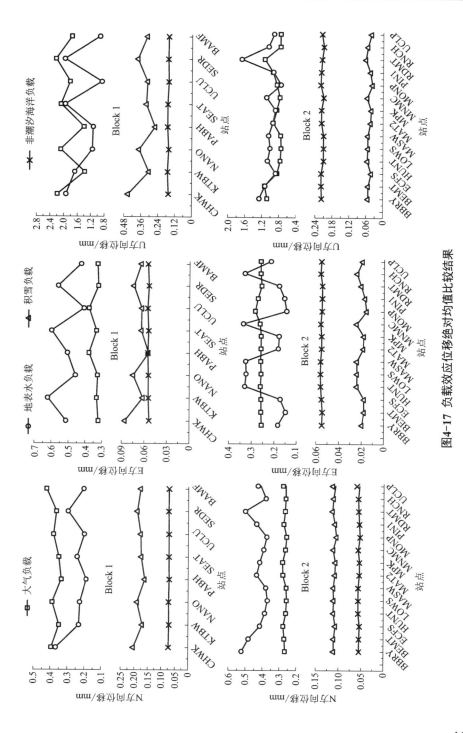

图4-17　负载效应应位移绝对均值比较结果

持一定的规律,即表现出区域性变化。因此,采用上述子区域的划分方法,分别对其残差时间序列进行共模误差分离。此外,残差时间序列经负载改正后,区域一中站点的 WRMS 周年项振幅均值从 7.87 mm 减小到 5.77 mm,区域二中站点的 WRMS 周年项振幅均值从 5.56 mm 减小到 4.35 mm,即负载改正后,区域一、区域二中 GNSS 测站的垂向振幅均值分别下降了 12.70%、21.78%,即负载效应是引起 GNSS 测站呈现出周期性变化的重要因素之一。

3. 广义共模误差分离结果分析

经过负载改正后,残差时间序列中 12.27%~21.78%季节性信号被去除了(改正),对负载修正后的残差时间序列进行滤波处理。在进行滤波处理过程中,对区域一、区域二以及整个区域进行 PCA 滤波以分离残差时间序列中的共模误差。

Ray(2008)、Davis et al.(2012)、Griffiths and Ray(2013)、Amiri-Simkooei(2013)的研究表明 GNSS 坐标时间序列不仅存在周年、半年项,一些高阶谐波项证实,如倍频 1.04 cpy 的异常周期项等,使得高阶谐波项混叠在季节性项中。另外已有的研究表明共模误差也呈现出周期性变化特性,因此,在对残差时间序列进行去周期处理过程中,可能将共模误差分量当成周期性信号,从而分离出错误的共模分量。此外,GNSS 坐标时间序列中的周年、半年项的振幅并不是常量,因此假定对常量振幅进行最小二乘拟合周期项,也存在一定的误差。基于此本书与已有方法不同之处在于,采用 Dong(2006)所提出的 PCA 进行共模误差分离时,保留了周年、半年项,即季节性信号。

分别对子区域一、二进行共模误差分离,然后对整个大区域进行整体滤波,并对其结果进行分析。表 4-19 给出了经主成分分析后获得的前 4 个主分量的累计贡献率。

表 4-19 前 4 个主分量的累积贡献率　　　　　单位:%

主分量	贡献率								
	区域一			区域二			整体大区域		
	N 方向	E 方向	U 方向	N 方向	E 方向	U 方向	N 方向	E 方向	U 方向
PC1	55.6	48.6	61.2	45.7	62.2	58.9	37.9	30.4	53.1
PC2	12.7	18.0	14.7	26.3	11.3	14.1	21.7	20.1	17.1
PC3	10.9	10.6	9.1	11.2	9.2	6.8	10.1	15.7	5.1
PC4	6.7	7.6	5.1	5.9	7.3	3.6	7.5	10.2	4.6
Total	85.9	84.8	90.1	89.1	90.0	83.4	77.2	76.4	79.9

从表 4-19 可以看出，对于区域一，经主成分分析后 N、E、U 3 个方向上前 4 个主分量的累计方差贡献率分别为 85.9%，84.8%，90.1%；区域二 N、E、U 3 个方向上前 4 个主分量的累计方差贡献率分别为 89.1%，90.0% 和 83.4%。此外，区域一、二整体主成分滤波后，3 个坐标方向前 4 个主分量的累计贡献率分别为 77.2%，76.4% 和 79.9%，相比子区域，其累计贡献率降低了约 9.38%（E、N、U 方向分量均值）。

从前 4 个主分量的贡献率可以看出，子区域的前几个主分量综合了原始信号绝大部分的信息，而整体滤波效果不是特别理想。另外前 4 个主分量的空间响应分析结果表明，区域一中 N、E、U 方向的平均空间响应值为 0.70、0.6、0.62，而在区域二中该值分别为 -0.16、-0.23、0.83，即区域一中 E 方向空间响应值最大，而区域二中垂向空间响应最大，区域一和区域二之间的空间响应存在明显差异，这也说明共模误差在空间尺度上存在空间差异，表明分块区域滤波的必要性。

采用分块区域滤波和整体滤波的方法分别对 22 个 IGS 站进行共模误差分离，取前 4 个主分量作为其共模误差进行分析。图 4-18 为滤波后残差时间序列（以 BAMF 站为例）。从图 4-18 可知，经分块滤波后的残差时间序列不确定性明显小于整体滤波结果，残差时间序列中的季节性信号得到了大幅度的分离，即相比整体滤波方法，分块滤波的方法能更加有效地分离出残差时间序列中的共模误差。

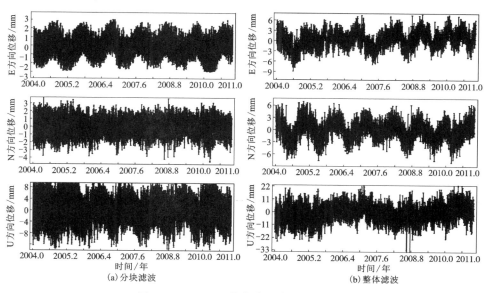

(a) 分块滤波　　　　　　　　　　(b) 整体滤波

图 4-18　BAMF 站滤波后残差时间序列

由滤波后结果可知，在临近的两个大区域内，共模误差的空间表现存在较大差异。经过分块滤波后，区域一中站点 E、N、U 方向 WRMS 的均值分别减少了约 55.77%、46.96%、37.26%，区域二中站点 E、N、U 方向 WRMS 的均值分别减少了约 21.14%、47.63%、38.26%，滤波后残差时间序列的信噪比得到了提高。对大区域进行整体滤波，结果表明由于共模误差的差异，不能准确地分离出测站残差时间序列中的共模误差，甚至分离出错误的共模分量。而分块区域滤波方法能根据站点之间的相关性，较好地分离出对应区域内的共模误差，提高 GNSS 坐标时间序列的可靠性。图 4-19 为对分离出的共模误差进行频谱分析的结果，从图 4-19 可知共模误差序列频谱中呈现出明显的周年（1.0 cpy）信号，即共模误差也呈现出季节性变化，即共模误差是引起 GNSS 残差时间序列呈现季节性周期变化的因素之一。

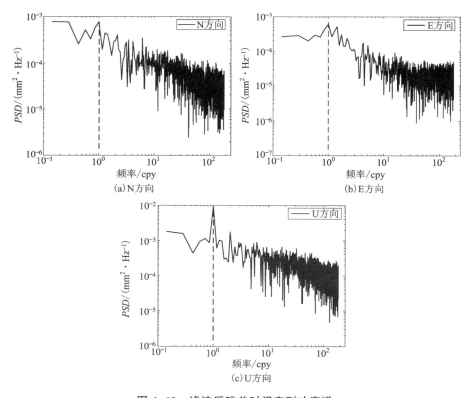

图 4-19　滤波后残差时间序列功率谱

经分块滤波后，残差时间序列垂向分量的周年项振幅均值分别为 2.49 mm、1.49 mm，即经负载改正及分块区域滤波后垂向周年项振幅分别减少了 68.34%、73.20%。这表明 GNSS 坐标时间序列中的周期性信号（部分学者也称之为季节性信号）主要由地表负载效应以及共模误差引起，经相应的负载模型改正及空间滤波后，能有效地分离其影响。对负载改正及滤波后的残差时间序列进行频谱分析，并与原始坐标时间序列的频谱进行比较，经频谱分析后其结果见图 4-20。

从图 4-20 中可知 GNSS 坐标时间序列中存在 1.04 cpy 的周期性信号，且存在对应的高阶谐波信号。经过负载改正及滤波后，该异常周期信号的振幅（能量谱值）明显减弱了，即基于主成分分析的空间滤波方法能有效地去除残差时间序列中绝大部分的异常周期信号。滤波后残差时间序列中仍存在部分异常周期信号（国外学者称之为 GNSS 交点年），该部分信号可能由未模型化的轨道误差、大气潮效应等引起。Ray et al.（2008），Davis et al.（2012），Griffiths and Ray（2013），Amiri-Simkooei（2013）的研究表明，为了完整地分离出 1.04 cpy 的周期信号，至少需要 30 年长度的时间序列，有待进一步研究。

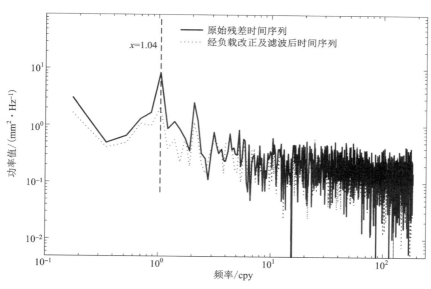

图 4-20　坐标时间序列频谱分析结果（滤波前后）

4.3 地表负载效应时空特征分析

研究表明 GNSS 坐标时间序列呈现出明显的季节性信号，主要表现为周年、半周年变化趋势。GNSS 站坐标时间序列呈现出的季节性变化部分源自地表环境负载的迁徙（即质量再分布）。由于负载效应的影响，GNSS 站坐标及速度的估计结果会产生一定的偏差。因此有必要对环境负载引起的测站位移变化进行深入的探讨。

已有的研究表明环境负载引起的位移变化使得 GNSS 站坐标时间序列呈现非线性运动方式。地表质量负荷引起 GNSS 测站位置产生变化的原因很多，如重力激发、热膨胀、站点自身误差及模型误差等。重力激发主要源自太阳、月亮等星体牵引而引起的固体潮、海潮、大气潮等，还包括海平面变化、地表水、积雪、大气负载等。其中对固体潮、极潮、海潮等负载效应已经建立了相对较完善的改正模型，并在 GNSS 绝大多数的高精度后处理软件（如 GAMIT、GIPSY、BERNESE 等）处理过程中进行了相应的改正。然而，近年来的研究表明，GNSS 坐标时间序列呈现出明显的周期性变化，40%~50% 的周期性变化由未改正的地表负载引起。在高精度 GNSS 软件中，未改正的负载效应主要包括大气、地表水、非潮汐海洋、积雪等，其影响不可忽略，对站点位移影响达毫米级甚至厘米级。

对 GNSS 坐标时间序列而言，尤其是对一些高精度的地球动力学研究过程，为了获得可靠的参数估计（如位置精度达到亚厘米级），地表负载引起的位移效应不可忽略。常用的改正方法是建立相应的全球、区域地球物理流体数据及其模型，对负载效应进行改正。常用的地表负载数据主要包括：QLM 数据（data of loading model of quasi-observation combination analysis software）、全球地球物理流体中心数据（global geophysical fluid center，GGFC，数据可以通过 http：//geophy. uni. lu/进行访问及下载）。

已有的负载效应改正方法是根据负载数据结合格林函数进行位移计算。相比 GGFC 模型，QLM 能对包括大气、地表水、非潮汐海洋、积雪等的负载效应进行改正，广泛应用于与地球物理相关的研究领域。对于不同负载模型的精度，即负载模型计算得到的测站位移是否满足高精度大地测量应用需求，缺少相应的研究，如对负载位移时间序列是否包含粗差，数据是否可靠，缺乏相应的研究。基于此，本节以常用的 QLM 模型为例，对基于 QLM 的负载效应模型可靠性进行一些探讨。

4.3.1　环境负载模型

本节主要对未改正的地表负载(源自 QLM 数据及其相应模型)进行分析,包括大气、地表水、非潮汐海洋、积雪负载,分析相应的地表负载对测站位移的影响时,其具体数据及模型描述如下。

大气质量负载(atmospheric pressure loading, ATML)在地球表面随着时间变化而重新分布,这种重新分布改变了地球的荷载,进而使地壳产生形变,尤其是垂直形变。大气质量负荷引起的测站位移可以通过格林函数计算。大气负荷采用 NCEP/NCAR 的全球表面大气压力数据(如 pres. sfc. year. nc,可以通过 ftp: //ftp. cdc. _noaa. gov/Datasets/ncep. reanalysis2. dailyavgs/下载),时间分辨率为 6 小时,空间分辨率为 2.5°×2.5°。

非潮汐海洋负荷(nontidal ocean loading, NTOL)主要由海洋底部压力的变化引起,采用 ECCO 提供的经卡尔曼滤波得到的海底压力(ocean bottom pressure, OBP)产品(kf080)计算,其时间分辨率为 12 小时,空间分辨率为 1°×0.3°,覆盖范围为−80°~80°纬度。

积雪负载(snow cover mass loading, SCML)和土壤水负载(soil moisture mass loading, SMML)的变化,也会对测站位移产生影响。该数据来自 NCEP 的再分析资料,可以在网站"http: //www. esrl. noaa. gov/psd/data/ gridded/"下载。

4.3.2　GNSS 站点分布

为了分析负载效应引起的位移的可靠性,选取加州区域内 12 个 IGS 站进行分析(见图 4-21),站点均匀分布在所选区域内。本书采用的时间段为 2000—2012 年。

4.3.3　数据处理及分析

对于 QLM 负载数据,采用 QOCA 的子模块"mload"进行计算,分别计算 ATML、SMML、NTOL、SCML 引起的地表位移,QOCA 在计算地表负载效应过程中采用了弹性地球模型,基于格林函数的方法进行。QOCA 的输出值为 CE (center of solid earth)框架下不同环境负载造成的测站 NEU 分量的单日解位移。而 GNSS 坐标时间序列(如 SOPAC 的时间序列产品)是在 CF (center of

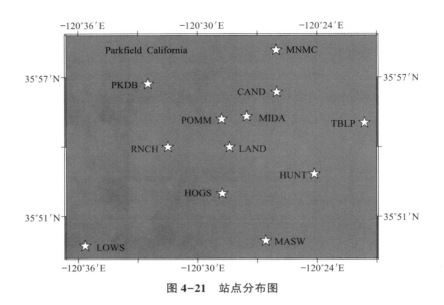

图 4-21　站点分布图

figure reference frame)框架下计算的，CE、CF 框架存在细微的差异；此外 Jiang et al.（2013）指出 CE 和 CF 框架之间的差异在实际应用中可以忽略不计。因此，本节采用 QOCA 计算出的单日解负载效应位移对 GNSS 坐标时间序列进行改正。计算后的大气、地表水、非潮汐海洋、积雪负载 2000—2012 年的负载效应位移时间序列见图 4-22（以 CAND 站点位移时间序列为例）。

　　从图 4-22 可知大气负载、地表水负载引起的地表位移相比非潮汐海洋及积雪负载较大，且负载效应达到亚厘米级别，这表明负载效应不可忽略。不同负载效应引起的位移时间序列呈现出一定的周期性。为了对负载效应进行进一步分析，对选取的 12 个测站的位移时间序列进行统计，对 12 个测站分别计算地表负载引起的位移时间序列的最大值（max）、最小值（min）、均值（mean）、绝对均值（mean absolute value，MAV），并对其进行统计，其结果见表 4-20。这里我们对其绝对均值进行统计是考虑到负载效应影响的周期性波动，即负载对站点位移的改变值有正、有负，绝对均值能更好地反映负载效应的长周期影响。

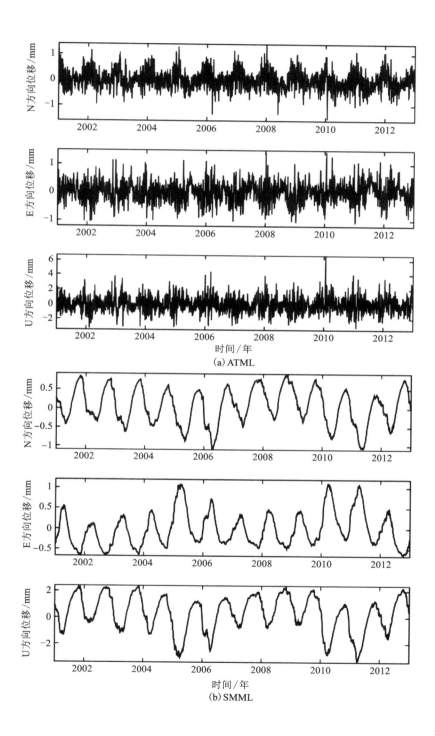

(a) ATML

(b) SMML

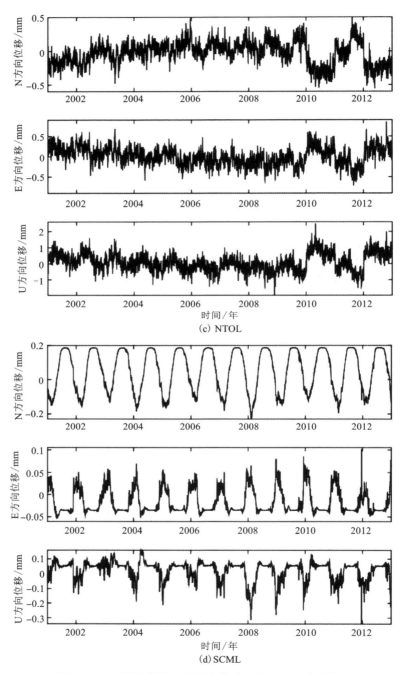

(c) NTOL

(d) SCML

图 4-22　不同负载引起的站点位移 (以 CAND 站为例)

表 4-20　地表负载效应位移时间序列统计结果　　　单位：mm

负载统计项	ATML			SMML			NTOL			SCML		
	U	N	E	U	N	E	U	N	E	U	N	E
min	-3.3	-1.1	-1.5	-3.4	-1.1	-0.7	-2.1	-0.6	-0.7	-0.3	-0.2	-0.1
max	6.7	1.5	1.3	2.4	0.9	1.1	2.8	0.5	0.9	0.2	0.2	0.1
mean	0.02	0.02	0.02	0.28	0.06	-0.01	0.07	0.03	0.00	0.02	0.05	0.02
MAV	0.75	0.26	0.26	1.14	0.40	0.34	0.46	0.14	0.18	0.06	0.11	0.03

从表 4-20 不同负载的位移效应的 min、max、mean、MAV 的统计值可知，负载效应的水平分量小于垂向分量值，及负载效应对站点的垂向位移影响更为明显，垂向分量值为水平分量的 1.5~5.6 倍。其中大气负载效应最明显，其垂向分量的位移最大值达到 6.7 mm，地表水负载效应最大位移值达到 2.4 mm，非潮汐海洋、积雪负载的效应相对较小。从图 4-22 中不同负载引起的站点位移及表 4-20 中不同负载的位移均值可知，负载效应的均值趋近于零，即在长周期下负载效应趋于平稳，这与地表负载的周期性迁徙相关。负载效应的绝对均值能真实地反映不同负载效应对站点位移的影响，从 MAV 结果可知，地表水负载对站点的位移影响最大，垂向绝对均值为 1.14 mm，大气负载垂向绝对均值为 0.75 mm。

4.3.4　环境负载位移时间序列可靠性分析

传统的负载模型改正方法一般通过地球物理数据及负载模型，根据格林函数计算负载位移值，然后将负载效应引起的位移值对 GNSS 坐标时间序列进行修正。目前对负载模型计算得到的位移时间序列的精度与可靠性缺乏相应的研究，如对负载位移时间序列是否包含粗差，数据是否可靠，负载效应改正是否会引入二次误差(负载效应位移时间序列中引入的误差)以及负载效应的噪声特性等缺乏相应的研究。本节对基于 QLM 的负载效应模型的可靠性进行相应的探讨。

(1)粗差分析

从图 4-22 不同负载引起的站点位移可以看出，负载效应引起的站点位移达毫米级，且存在一些离散值，即位移时间序列可能存在粗差。粗差的存在会使坐标、速度估值存在偏差，因此有必要对负载位移时间序列进行粗差探测，保证负载位移时间序列的可靠性。GNSS 坐标时间序列中常用的粗差探测方法

为 3σ、5σ 法。若观测值偏离均值的量大于 3 倍、5 倍中误差，则认为该值是粗差。由于 GNSS 序列主要表现为有色噪声特性，并不符合正态分布的高斯白噪声特性，上述方法在粗差探测中，应用受到一定限制。为了更加有效地探测负载效应位移时间序列的粗差，本节采用 Bos et al.（2013）提出的粗差剔除方法对其进行处理。首先采用最小二乘法对位移时间序列进行线性拟合，估计时间序列的趋势项；然后对估计的趋势项进行去除，得到负载位移时间序列的残差时间序列；残差时间序列按照值进行排列，并计算残差时间序列的四分位数间距或四分位距（interquartile range，IQR），四分位数间距指 P25、P50、P75 将一组变量值等分为四部分，P25 称下四分位数（Q1），P75 称上四分位数（Q3），将 P75 与 P25 之差定义为四分位数间距（IQR）。分别计算 a(Q1−3×IQR)、b(Q3+3×IQR) 的值，原始时间序列中位于 (a, b) 区间之外的值，则为粗差。

在粗差处理过程中采用 3σ 与 IQR 方法对上述 12 个站点的负载位移时间序列进行粗差分析，结果表明负载效应位移时间序列中存在一定的粗差，其中在大气负载位移时间序列中探测出 19 个粗差（12 个站的均值），在积雪位移时间序列中探测出 18 个粗差。粗差主要出现在大气负载位移时间序列和积雪负载位移时间序列中，但粗差的比率较低，约占时间序列长度的 0.5%。粗差分析结果表明，基于 QLM 获取的负载效应位移时间序列包含的粗差比例较低，负载效应修正过程中二次误差的引入率较低。对存在的少量粗差，建议将其去除，对去除粗差后的残差时间序列进行插值拟合。对数据缺失间隙小于 3 天的时间序列间隙，采用三次样条插值方法；数据缺失间隙大于 3 天的时间序列间隙，采用线性插值方法补齐，以使数据保持原有的变化趋势。

（2）主分量分析

主成分分析（principal component analysis，PCA）是现代数据分析的一种有效工具，是一种非参数的正交分解数据处理方法，广泛应用于经济、金融、测绘等领域。PCA 把原始相关的观测数据重新组合，分解成一组互不相关的向量，在保证数据信息损失最小的前提下，通过线性转换将原始自变量中相关的维数消除，转换到低维向量空间；转换后的低维空间中各主分量是相互正交的，综合了原始数据的最大信息量，可以揭示隐藏在数据背后的一些规律及结构特征。

PCA 的基本准则是通过正交转换将原始的观测信息 X（n 维向量矩阵，去均值）转换为新的观测量 Y（n 维）。转换后的 n 维向量根据每个主分量的方差大小进行排列，第一个主分量对应的方差最大。PCA 方法中假定方差越大，其对应的有用信息越多，或者说该分量综合了原始信号中绝大部分的信息；而方差较小的分量，包含的原始信号的信息较少，即该分量包含的信息量少，甚至是噪声。

对负载效应引起的位移时间序列进行 PCA 分析,以对位移时间序列本身的性质进行分析。经 PCA 处理的主分量贡献率及负载位移时间序列的加权中误差(WRMS)见表 4-21。

表 4-21　负载效应位移时间序列分析结果(主分量贡献率、位移时间序列 WRMS)

负载	PC 1 主分量贡献率/%			WRMS		
	U 方向	N 方向	E 方向	U 方向	N 方向	E 方向
ATML	99.98	99.98	99.99	0.97	0.30	0.32
SMML	99.99	99.99	99.99	0.69	0.21	0.22
NTOL	99.90	99.98	99.98	0.52	0.16	0.21
SCML	99.89	99.98	99.54	0.04	0.01	0.04

从表 4-21 可知,对不同负载位移时间序列进行 PCA 分析之后,第一个主分量的贡献率约 99.9%,即第一个主分量概括了原始信号 99.9%左右的信息,其他主分量包含的信息量极少,即负载位移时间序列包含的噪声分量较少,一定程度上反映了负载序列的可靠性,且不同负载效应主要由单一机制诱发。从位移时间序列的加权中误差可以看出,其 WRMS 值较小,即负载计算的位移时间序列比较可靠。

(3)噪声特性分析

已有的研究表明白噪声模型并不能较好地描述 GNSS 坐标时间序列噪声模型,闪烁噪声加白噪声的混合模型被认为是 GNSS 测站最佳随机特性的噪声模型。由于 GNSS 坐标时间序列中包含负载效应位移时间序列,因此研究负载位移时间序列的噪声模型,对进一步了解 GNSS 坐标时间序列的噪声模型有一定的意义。

为了分析位移时间序列的噪声特性,分别采用功率谱分析法、极大似然估计方法对负载效应位移时间序列进行噪声估计。在功率谱分析中,快速傅里叶变换(fast fourier transform,FFT)是常用的一个方法,是信号在时间域和频率域转换的桥梁。一般来说,信号在时间域看不出明显的特征或隐藏了大部分特征,转换到频率域之后,能揭示信号背后潜在的规律。对傅里叶变换而言,一般要求时间序列等间距采样,且数据缺失率较小,负载位移时间序列均匀采样(一天一个解,类似 GNSS 单日解时间序列),且粗差率较低,经去除粗差及插值后,对其进行傅里叶变换,其结果见图 4-23。

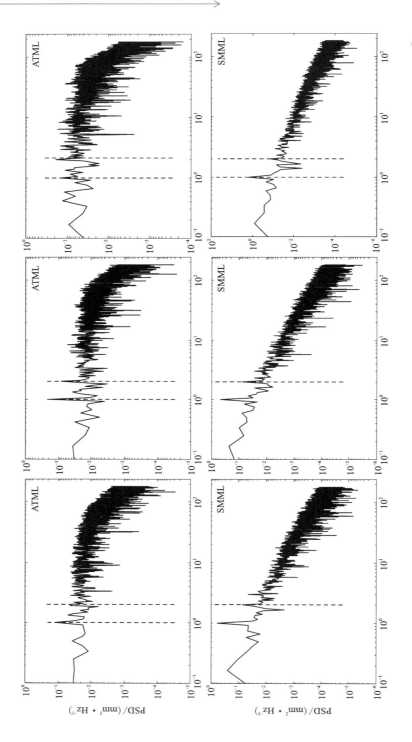

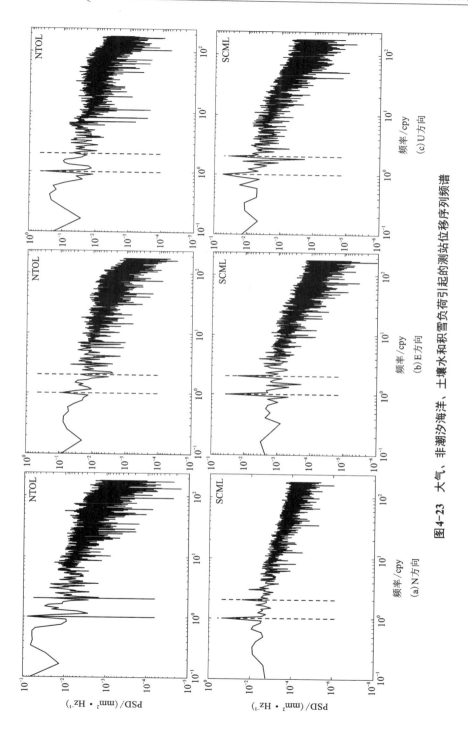

图 4-23　大气、非潮汐海洋、土壤水和积雪负荷引起的测站位移序列频谱

从图 4-23 中不同负载位移时间序列的功率频谱图可知，大气负荷、非潮汐海洋负荷、土壤水负荷在频率域上的表现基本一致，且均呈现出明显的周年半周年峰值，第一个峰值的频率为 1cpy。这也印证了负载效应在长周期尺度下的均值（长期效应）为零的原因。三坐标分量之间的频谱特性基本一致，不同负载之间存在一些差异，大气、地表水负载位移时间序列的频谱能量（power spectral density；PSD）高于非潮汐海洋、积雪负载效应。另外，从频谱图曲线可以看出，负载位移时间序列并不符合白噪声特性，对白噪声而言，其频谱图应该近似表现为平坦状波谱图。对其频谱曲线进行线性拟合，结果表明不同负载效应的频谱指数约为 -1，即其噪声特性主要表现为闪烁噪声。

为了获得更加可靠的、定量估计负载序列的噪声模型，采用极大似然估计法对负载位移时间序列进行估计。Williams et al.（2003a，2004）的研究表明 MLE 方法的优点是能对不等间接的时间序列进行噪声估计，同时能对有数据缺失的数据进行估计，得到噪声模型的定量估计。根据 Williams 提出的简易噪声模型，我们采用 QOCA 软件对闪烁噪声、白噪声混合模型进行估计，其结果见表 4-22。

表 4-22　白噪声、闪烁噪声模型估计结果　　　　　　　　单位：%

负载项	N 方向		E 方向		U 方向	
	FN	WH	FN	WH	FN	WH
ATML	97.62	2.38	97.01	2.99	97.36	2.64
NTOL	99.55	0.45	99.55	0.45	99.55	0.45
SMML	99.08	0.92	98.73	1.27	98.46	1.54
SCML	99.55	0.45	98.98	1.02	99.58	0.42

从表 4-22 可知，闪烁噪声的比例约占 99%，即负载位移时间序列主要呈现出闪烁噪声性质，MLE 估计的结果与前述的功率谱分析结果一致。在进行噪声模型估计的过程中，我们事先假定噪声模型为闪烁噪声与白噪声的混合模型。为了使噪声模型结果更可靠，采用更一般的噪声模型，即幂律噪声加白噪声模型，其噪声谱指数（d）估计结果见表 4-23。

表 4-23　不同负载噪声谱指数估计结果　　　　　　　　单位: %

负载项	E 方向	N 方向	U 方向
ATML	0.499	0.498	0.499
NTOL	0.499	0.499	0.499
SMML	0.498	0.499	0.498
SCML	0.499	0.499	0.499

　　从表 4-23 不同负载噪声谱指数估计结果可知, 不同负载效应的谱指数 d 接近于 0.5。根据 Bos(2013b) 研究结果, 闪烁噪声的谱指数 $d = 0.5$, 进一步验证了负载位移时间序列的闪烁噪声特性, 即位移时间序列中随机噪声比例较低, 表明位移时间序列中包含偶然误差的概率较低。负载位移时间序列粗差分析、主分量分析、噪声特性分析结果表明基于 QLM 计算的负载效应序列是比较可靠的, 在对 GNSS 坐标时间序列修正过程中, 能较好地避免不必要的二次误差的引入。

第 5 章

水库大坝形变智能预测 GWO–VMD–LSTM 模型构建与应用

5.1 基于 GWO–VMD–LSTM 的深度学习智能预测方法

高精度的水库大坝地表位移形变预测对人类预防地质灾害具有重要意义。根据不同的理论方法，大坝形变预测模型可分为确定性模型、统计回归模型、人工智能模型等。但这些模型在预测过程中均存在局限性，如常用的神经网络（back propagation，BP）、灰色模型（grey models，GM）、支持向量机（support vector machines，SVM）等单预测模型，存在结构复杂、多重共线性、受参数或噪声影响、预测效果不佳等问题，由此融合新的智能化深度学习方法势在必行。

近年来，智能化深度学习与机器学习方法因其强大的处理非线性时间序列和特征的能力而被应用于沉降、滑坡、大坝形变[7]等位移形变预测中。张孟昕等人采用麻雀搜索算法（sparrow search algorithm，SSA）融合极端梯度提升算法（extreme gradient boosting，XGBoost）对大坝时间序列进行了自适应噪声完备集合经验模态分解及小波包方法降噪，考虑变形效应量因子，提取了大坝变形特征。针对非线性非平稳的大坝时间序列特性，鲁铁定等人通过将大坝形变时间序列分解过程转换为变分求解问题，提出融合变分模态分解（variational mode decomposition，VMD）和长短期记忆神经网络（long short–term memory，LSTM）的预测模型，将复杂的大坝形变时间序列分解为多个不同频带的相对简单的子序列后再进行预测，该方法已得到印证。但 VMD 中的关键参数模态数 K 与惩罚因子 α 的选取，在实际应用中常根据经验判定，K 与 α 若选取不当可能会造成信号过度分解或低分解。Mirjalili S 等人将 VMD 参数按设定的复合指标判断内涵模态分量（intrinsic mode functions，IMF），该方法能有效去除原序列中的噪声,同时能较好地保留原信号的特性,但该方法未能融合应用于大坝形变预测。

　　基于此,本书引入灰狼优化算法(grey wolf optimization,GWO)优化 VMD 参数选取,将分解重构后的信号作为特征值输入 LSTM 预测模型,提出了一种参数优化变分模态分解长短期记忆神经网络预测新模型(grey wolf optimization and variational mode decomposition and long short-term memory,GWO-VMD-LSTM),以平均绝对误差(mean absolute error,MAE)和均方根误差(root mean square error,RMSE)作为模型预测精准度的评价指标。为了能更好地反映预测模型的质量,本书引入了决定系数(coefficient of determination,R^2)判断预测模型的性能,从而实现对大坝形变位移的精准预测,提高预测的准确率。

5.1.1　长短期记忆网络模型 LSTM

　　由 Jonathans 首次提出的长短期记忆网络 LSTM 是一种改进的循环神经网络(recurrent neural networks,RNN),它能够有效地解决循环神经网络中间隔较长的预测时间序列问题,现被应用于洋河水库表面位移形变预测中,LSTM 结构示意图如图 5-1 所示。

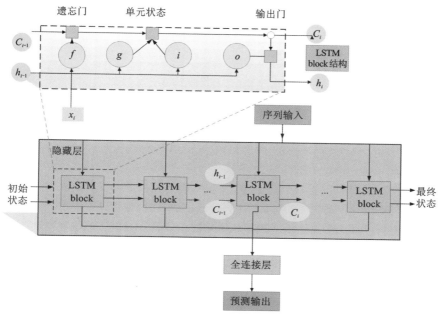

图 5-1　LSTM 结构示意图

时间序列从输入层开始，经 LSTM 层，到达连接层，最后预测输出。h_i 为隐藏状态，c_i 为单元状态。单个 LSTM block 模块如图 5-1 所示，LSTM block 模块包括输入门 i、单元状态 g、遗忘门 f 及输出门 o，其数学模型为：

$$\begin{cases} i_t = \sigma(\boldsymbol{W}_i[\boldsymbol{x}_t, \boldsymbol{h}_{t-1}] + \boldsymbol{b}_i) \\ f_t = \sigma(\boldsymbol{W}_f[\boldsymbol{x}_t, \boldsymbol{h}_{t-1}] + \boldsymbol{b}_f) \\ g_t = \tan h(\boldsymbol{W}_g[\boldsymbol{x}_t, \boldsymbol{h}_{t-1}] + \boldsymbol{b}_g) \\ o_t = \sigma(\boldsymbol{W}_o[\boldsymbol{x}_t, \boldsymbol{h}_{t-1}] + \boldsymbol{b}_o) \end{cases} \tag{5-1}$$

式中：$\boldsymbol{W}$ 为各单元权重矩阵；$[\boldsymbol{x}_i, \boldsymbol{h}_{i-1}]$ 为两个方向构成的长向量；$\boldsymbol{b}$ 为偏置矩阵；σ 为 sigmoid 函数。

5.1.2　GWO-VMD 模型

参数 K 与惩罚因子 α 的设置对 VMD 分解结果有显著影响，其余参数设置为默认值。当 K 过小时，分解的信号可能欠分解完全，过大的 K 值设置可能会造成信号过分解而产生模态混叠现象。为了解决这一问题，本书利用 GWO 对 VMD 参数 K 和 α 进行优化。利用 GWO 算法优化 VMD 时，选择合适的适应度函数作为优化判断标准非常重要。本书选用包络熵为 GWO 优化的适应度函数，包络熵能较好地反映原始信号的稀疏特性和不确定性。包络熵(E_p)的原理如公式(5-2)所示。

$$\begin{cases} E_p = -\sum_{j=1}^{N} p_j \lg p_j \\ p_j = \alpha(j) \Big/ \sum_{j=1}^{N} x(j) \end{cases} \tag{5-2}$$

式中：N 为信号的采样点数；p_j 为 $\alpha(j)$ 的归一化形式；$\alpha(j)$ 为信号 $x(j)$ 经 Hilbert 解调后得到的包络信号。

VMD 分解的内涵模态分量包含较多噪声，信号较复杂。GWO 对 VMD 参数 K 和 α 进行优化后，利用 Mirjalili 的理念，将多尺度排列熵(multiscale permutation entropy，MPE)作为判断噪声和信号的标准。VMD 分解计算各个 IMF 分量的多尺度排列熵之后，通过设定的 MPE 阈值判断出低频信号和高频噪声。IMF 分量中的噪声较少时，信号较规则，则 MPE 值较小，反之，MPE 值较大。经过多次实验，设定 MPE 阈值为 0.5 后能有效滤除变形监测数据的噪声。本节经过多次测试，将 MPE 值设定为 0.6，将小于 MPE 阈值的低频 IMF 分量重构为新信号，进而完成 GWO 对 VMD 的优化，具体步骤如下。

①GWO 算法参数初始化。设置狼群数量为 30 个，最大迭代次数为 10 次，基于计算效率和算法精度的考虑，本节将 K 的取值范围设为 [3, 12]，α 的取值

范围设为 $[100, 4000]$，随机生成灰狼的位置。

②根据步骤①得到的最优参数组合 $[K, \alpha]$，经 VMD 分解后通过包络熵计算 IMF 适应度值，并更新 α_0、β 和 δ 狼的位置。

③MPE 的阈值判断。根据阈值大小判断出有效 IMF 分量并重构为信号，剩余分量重构为噪声。为了避免发生信号过度分解现象，满足式（5-2）的灰狼个体不参与 α_0、β 和 δ 狼的位置更新，设 X_{MPE} 为 IMF 的阈值，设判断指令为

$$X_{\mathrm{MPE}}(IMF_i) > X_{\mathrm{MPE}}(IMF_{i+1}) \tag{5-3}$$

④更新灰狼位置，迭代，返回第②步，直至获取 $[K, \alpha]$ 的最优解。

⑤计算 IMF 的 MPE 值，重构序列为降噪信号，结束 GWO 对 VMD 的优化。GWO 优化 VMD 流程如图 5-2 所示。

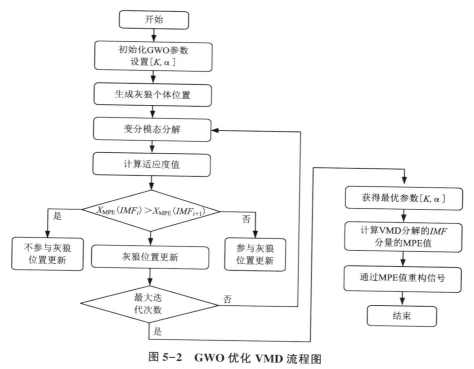

图 5-2　GWO 优化 VMD 流程图

5.1.3　GWO–VMD–LSTM 预测模型

1. 变分模态分解 VMD

变分模态分解 VMD 是一种通过迭代寻找变分模型最优解，确定各分量中

心频率和有限带宽的内涵模态分量（intrinsic mode functions，IMF），是可自适应地实现信号的频域划分和各分量有效分离的一种信号分解方法。通过 VMD 分解得到了 k 阶特征模函数的表达式，即

$$u_k(t) = A_k(t)\cos(\varphi_k(t)) \tag{5-4}$$

$$\omega_k(t) = \varphi_k'(t) = \frac{\mathrm{d}\varphi_k(t)}{\mathrm{d}t} \tag{5-5}$$

式中：$A_k(t)$ 为 $u_k(t)$ 的瞬时振幅，$k=(1,2,\cdots,K)$；$\omega_k(t)$ 为 $u_k(t)$ 的中心频率；$\varphi_k(t)$ 为非单调递减的相位函数。通过 Hilbert 变换得到 $u_k(t)$ 的解析信号，从而获得单边频谱，即

$$\left[\delta(t) + \frac{j}{\pi t}\right] * u_k(t) \tag{5-6}$$

式中：$\delta(t)$ 为脉冲函数；j 表示该时刻。通过调整每个 $u_k(t)$ 的中心频率 $\omega_k(t)$，并将其与各模式的单边频谱混合，得到基带信号：

$$\left[\left(\delta(t) + \frac{j}{\pi t}\right) * u_k(t)\right] e^{-j\omega_k t} \tag{5-7}$$

计算解调信号梯度的 L^2 范数的平方，得到解调信号的带宽，并建立约束变分模型表达式：

$$\min_{\{\mu_k\},\{\omega_k\}} \left\{ \sum_k \left\| \partial_t \left[\left(\delta(t) + \frac{j}{\pi t}\right) * u_k(t)\right] e^{-j\omega_k t} \right\|_2^2 \right\} \tag{5-8}$$

$$s.t. \sum_{k=1}^k u_k(t) = f(t) \tag{5-9}$$

式中：$f(t)$ 为输入信号；$\{u_k\} = \{u_1, u_2, \cdots, u_k\}$ 为 k 个模态分量；$\{\omega_k\} = \{\omega_1, \omega_2, \cdots, \omega_k\}$ 为 k 个模态分量对应的频率中心。再引入二阶惩罚因子与拉格朗日乘子将其转换为无约束变分问题，得到扩展拉格朗日表达式为：

$$L(\{u_k\}, \{\omega_k\}, \lambda) = \alpha \sum_k \left\| \partial_t \left[\left(\delta(t) + \frac{j}{\pi t}\right) * u_k(t)\right] e^{-j\omega_k t} \right\|_2^2$$

$$+ \left\| f(t) - \sum_k u_k(t) \right\|_2^2 + < \lambda(t), f(t) - \sum_k u_k(t) > \tag{5-10}$$

式中：α 为惩罚因子；$\lambda(t)$ 为拉格朗日乘子。用乘子交替方法不断交替更新 $\hat{u}_k^{n+1}$、ω_k^{n+1} 和 $\hat{\lambda}^{n+1}$ 为扩展 Lagrange 表达式的最小值，$<,>$ 表示内积。当满足公式（5-11）时，迭代结束，得到 k 个模态分量值。

$$\sum_{k=1}^k \frac{\left\| \hat{u}_k^{n+1} - \hat{u}_k^n \right\|_2^2}{\left\| \hat{u}_k^n \right\|_2^2} < \varepsilon \tag{5-11}$$

2. 灰狼优化算法 GWO

GWO 是基于灰狼种群的社会等级及狩猎行为的一种群智能优化算法。灰狼种群可分为领头狼 α_0、β、δ 和 ω 狼,头狼 α_0 带领狼群狩猎猎物即为算法中的最优解;β 狼协助头狼 α_0,即为算法中的次优解;δ 狼听从 α_0 狼与 β 狼的命令,负责侦查放哨;适应督查的 α_0 狼与 β 狼会降为 δ 狼;ω 狼环绕 α_0 狼与 β 狼或者进行 δ 狼位置更新。灰狼优化算法通过模拟狼群分层协作狩猎的行为获得最优解。

3. GWO-VMD-LSTM 预测模型

根据上述算法模型,本书 GWO-VMD-LSTM 模型构建步骤如下。

①通过 GWO 优化 VMD 获得最优参数组合 $[K, \alpha]$。

②根据 MPE 判断有效 IMF 分量与噪声,重构信号。

③重构信号后将其作为特征值输入 LSTM 模型进行预测。

④对预测结果进行精度评价。本书构建的 GWO-VMD-LSTM 预测模型框架如图 5-3 所示。

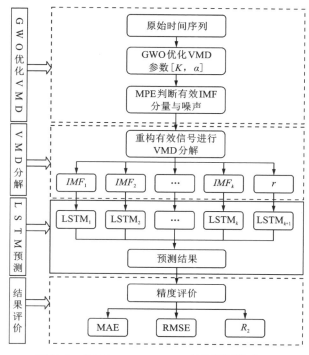

图 5-3　GWO-VMD-LSTM 预测模型框架图

5.2 北斗/GNSS 时间序列形变智能监测在洋河水库大坝工程中的应用

5.2.1 工程概况

洋河水库位于河北省秦皇岛市抚宁区大湾子村北,坝址位于洋河干流上,控制流域面积 755 km^2。1959 年 10 月动工兴建,1961 年 8 月建成并投入使用,除险加固后总库容为 3.66 亿 m^3,为大(Ⅱ)型水利枢纽工程。水库任务以防洪为主,兼顾城市供水、农业灌溉、生态补水、发电等综合利用。水库枢纽由主坝、副坝、溢洪道、泄洪洞、发电引水隧洞、水电站、西坝头放水洞、引青济秦供水工程进水口等建筑物组成(图 5-4)。

（a）主坝 　　　　　　　　（b）副坝 　　　　　　　　（c）溢洪道

图 5-4 洋河水库大坝 GNSS 站点布设

实施本次除险加固工程以前,洋河水库按照大(Ⅱ)型水库的安全监测技术规范,对水库坝体分别进行测压管观测、水平位移观测和垂直位移观测。其中测压管观测采用电测水位计观测法进行测量,每周 1 次;水平位移和垂直位移观测分别采用 GNSS 静态测量、水准测量两种方式,每年测量 2 次,分别于汛前和汛后测量。在汛期进行工程观测时，水库水位在 58.10 m 以下时按规范要求坚持常规观测；水库水位为 58.10~62.38 m 时测压管观测由 7 天 1 次加密到 3 天 1 次，坝体垂直、水平位移观测由每季观测 1 次加密到每月观测 1 次；库水位在 62.38 m 以上时，测压管观测加密到每天 1 次，坝体垂直、水平位移观测加密到 15 天 1 次。每次测量结束后，组织技术人员将测量数据资料进行整理，利用电脑 excel 进行制图分析，并与历年数据进行比对、分析，形成文字材料上报，并将测量结果归档计入年度整编资料。

5.2.2　大坝动态数据选取

本节选用洋河水库 2018 年 1 月—2022 年 11 月的大坝位移形变数据，以天为观测时间间隔。观测方向为北方向（N 方向）、东方向（E 方向）及垂向沉降方向（U 方向），采用水库副 29G、马 18F、排 20B、迎 5E、缘 9C、缘 10D 总计 6 个站点的数据集（因站点命名方式不同，本书将上述 6 个站点分别命名为 001~006 站）。每个站点含 1800 组数据，将其分割为训练集、验证集、测试集，数据分别为 1300、200、300 组。

5.2.3　北斗/GNSS 时间序列形变信号重构

本节采用洋河水库 6 个 GNSS 站点的数据集，通过 GWO 方法首先进行 VMD 分解，选择参数最优组合，利用包络熵作为适应度函数来判断优化标准。以 001 站为例，GWO 在寻优过程中随迭代次数的变化如图 5-5 所示，各站点不同方向最优参数组合分布如图 5-6 所示。

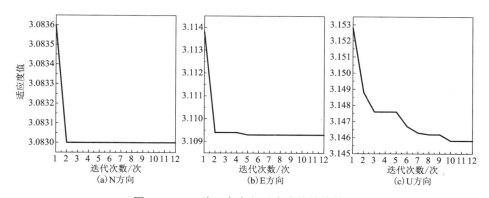

图 5-5　001 站 3 个方向适应度值的收敛图

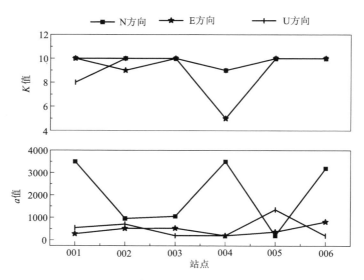

图 5-6　各站点不同方向最优参数组合分布

由图 5-6 可知，E 方向的 k 值波动范围较大，主要在 5~10 范围内，而 N 方向与 U 方向的 k 值集中在 8 至 10 之间。E 方向与 U 方向的 a 值主要为 200~1000，而 N 方向的 a 值波动较大，分布范围为 200~4000。

GWO 对 VMD 进行分解后，以 001 站为例，在 N 方向与 E 方向上分解得到 10 个 *IMF* 值，在 U 方向上分解得到 8 个 *IMF* 值，如图 5-7 所示。由图 5-7 可知，低频分量主要集中在 1 阶模态中。经过对 6 个站点的分解，得到低频分量主要为 1~2 阶模态。

MPE 作为判断噪声和信号的标准，将 VMD 分解的 *IMF* 分量进行计算，得到各个分量的 MPE 值。以 001 站为例，不同方向分量的 MPE 值如表 5-1 所示。本书设定的 MPE 阈值为 0.6，将低于阈值的分量归为低频信号分量，将高于阈值的分量归为噪声分量。MPE 值越大，说明 *IMF* 分量中的噪声越多，信号越不规则。不同方向各站点 *IMF* 分量 MPE 值分布如图 5-8 所示。

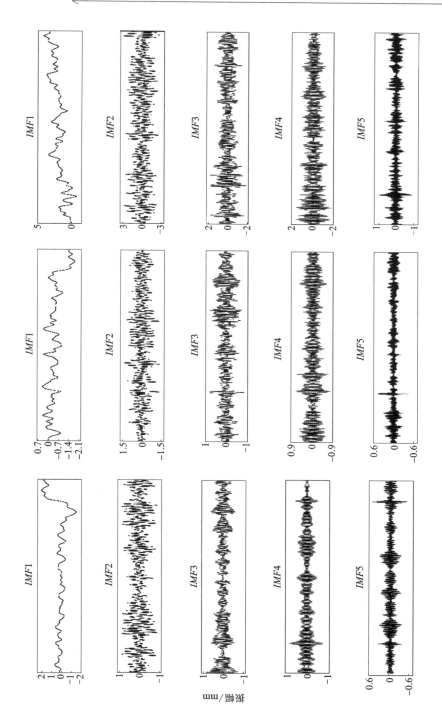

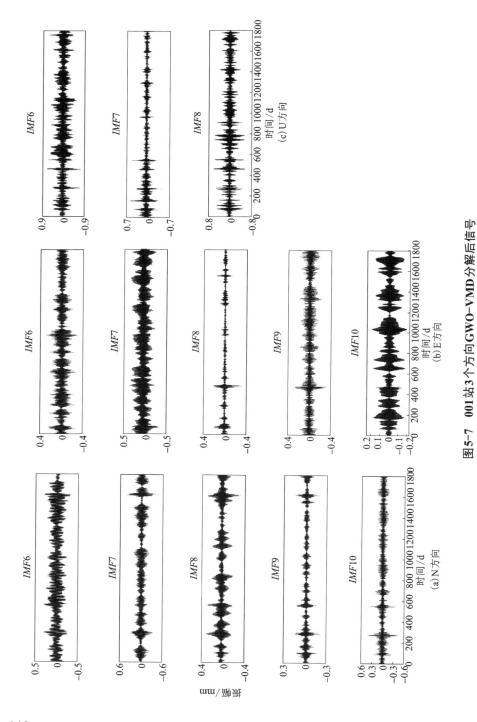

图5-7　001站3个方向GWO–VMD分解后信号

表 5-1　001 站不同方向 *IMF* 分量的 MPE 值　　　　　单位：mm

方向	*IMF*1	*IMF*2	*IMF*3	*IMF*4	*IMF*5	*IMF*6	*IMF*7	*IMF*8	*IMF*9	*IMF*10
N	0.48	0.63	0.66	0.65	0.69	0.66	0.66	0.73	0.70	0.65
E	0.52	0.63	0.70	0.69	0.73	0.69	0.71	0.74	0.65	0.66
U	0.54	0.61	0.69	0.70	0.75	0.75	0.77	0.70	——	——

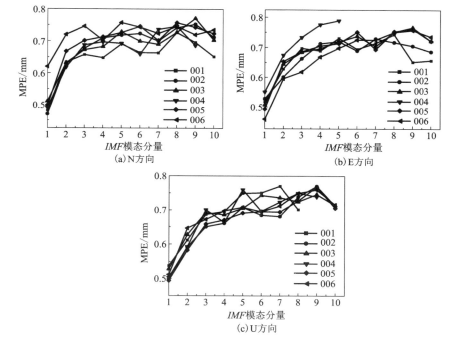

图 5-8　不同方向各站点 *IMF* 分量 MPE 值分布

由图 5-8 可知，各站点 VMD 分解后的 *IMF* 分量最大值为 10 个，最小为 5。*IMF*1～*IMF*10 的 MPE 值在 0.5～0.8 范围内波动，说明序列的随机波动性越来越大，噪声成分越来越多，信号越不规则。而大部分站点 *IMF*1～*IMF*2 的 MPE 值均小于 0.6，因此，将 MPE 值小于 0.6 的 *IMF* 分量重构为低频信号。

GWO 对 VMD 进行有效的参数优化之后，将各站点重构的信号作为特征值代入 LSTM 模型进行预测，从而完成 GWO-VMD-LSTM 方法的构建。针对本书洋河水库 GNSS 站点非线性的位移时间序列，对比不同预测模型与 VMD 融合成为新的组合模型验证 GWO-VMD-LSTM 方法的适用性与鲁棒性。

5.2.4 GWO-VMD-LSTM 模型预测结果分析

1. GWO-VMD-LSTM 模型预测精度分析

为了有效预测大坝监测站位移时间序列，验证本书提出的 GWO-VMD -LSTM 方法的鲁棒性，对各个站点进行 VMD 分解，将重构信号作为特征值输入门控循环单元（gated recurrent unit，GRU）与人工神经网络（artificial neural network，ANN）预测模型，组合成为 VMDGRU、VMDANN 与 GWO-VMD-LSTM 模型并进行对比。限于篇幅，以 001 站与 006 站为例，展示不同方向组合模型的预测曲线，如图 5-9 所示。

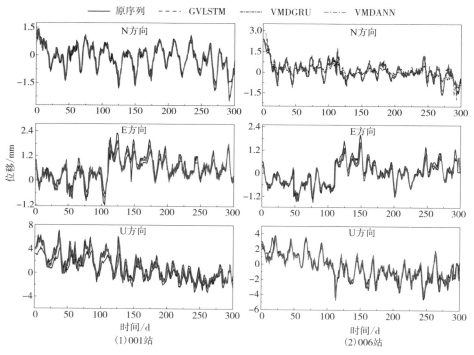

图 5-9 001 站与 006 站不同方向组合模型预测结果曲线

从图 5-9 可明显看出 GWO-VMD-LSTM 模型预测曲线与原序列更为拟合。N 方向的 001 站与 006 站 VMDGRU 模型与 VMDANN 预测曲线整体向上偏移；E 方向的 001 站与 006 站 VMDGRU 与 VMDANN 预测结果曲线整体向下偏移，VMDGRU 预测结果与原序列拟合程度较差，RMSE 值较大，预测效果较差；

U 方向的 001 站与 006 站 VMDANN 预测结果曲线前半部分向下偏移，曲线后半部分向上偏移，VMDGRU 预测结果曲线整体向上偏移。综合上述 3 个方向预测结果，GWO-VMD-LSTM 模型预测结果曲线与原序列拟合较好，VMDGRU 与 VMDANN 模型在不同方向的预测结果或过高或过低，各站不同组合模型不同方向的评价指标如表 5-2 所示。

表 5-2　不同组合模型不同方向的评价指标　　　　单位：mm

站点	模型	N 方向		E 方向		U 方向	
		RMSE	MAE	RMSE	MAE	RMSE	MAE
001	VMDANN	0.46	0.40	0.47	0.36	0.44	0.35
	VMDGRU	1.17	1.07	0.80	0.65	0.74	0.60
	GWO-VMD-LSTM	0.31	0.26	0.40	0.32	0.34	0.27
002	VMDANN	0.13	0.10	0.16	0.13	0.73	0.61
	VMDGRU	0.54	0.41	0.31	0.24	1.90	1.38
	GWO-VMD-LSTM	0.11	0.09	0.14	0.11	0.53	0.44
003	VMDANN	1.76	1.68	3.25	3.17	1.95	1.53
	VMDGRU	2.89	2.72	3.56	3.17	4.07	3.02
	GWO-VMD-LSTM	1.25	1.08	1.77	1.70	0.84	0.64
004	VMDANN	0.17	0.14	0.29	0.22	0.53	0.42
	VMDGRU	0.39	0.29	0.69	0.58	1.59	1.23
	GWO-VMD-LSTM	0.09	0.07	0.19	0.15	0.51	0.41
005	VMDANN	0.20	0.15	0.23	0.18	0.47	0.37
	VMDGRU	0.55	0.41	0.83	0.65	1.44	1.08
	GWO-VMD-LSTM	0.18	0.14	0.15	0.11	0.41	0.33
006	VMDANN	0.18	0.13	0.18	0.14	0.18	0.14
	VMDGRU	0.37	0.25	0.53	0.41	0.52	0.36
	GWO-VMD-LSTM	0.09	0.07	0.12	0.10	0.17	0.13

由表 5-2 可知 GWO-VMD-LSTM 模型的 RMSE 数值大幅度减小, 精度大幅度提高。N 方向、E 方向、U 方向的 GWO-VMD-LSTM 模型的 RMSE 值与 MAE 值比 VMDGRU、VMDANN 模型预测的 RMSE 与 MAE 值均小。以 001 站为例, 与 VMDANN 模型相比, GWO-VMD-LSTM 模型在 N、E、U 方向的预测结果 RMSE 精度分别提升了约 32.61%、14.89%、22.73%, MAE 精度分别提升了约 35.00%、11.11%、22.86%。与 VMDGRU 模型相比, GWO-VMD-LSTM 模型在 N、E、U 方向预测结果 RMSE 精度分别提升了约 73.50%、50.00%、54.05%, MAE 精度分别提升了约 75.70%、50.77%、55.00%。其他站点 GWO-VMD-LSTM 模型比 VMDANN 模型预测的 RMSE 与 MAE 精度分别提升 3.77%～56.92%、2.38%～58.17%, 比 VMDGRU 模型预测的 RMSE 与 MAE 精度分别提升 50.28%～79.63%、46.37%～78.81%, 证明了 GWO-VMD-LSTM 模型比 VMDGRU、VMDANN 组合模型预测效果更优。

为了反映预测模型的好坏, 本节引入决定系数 R^2 进一步评价模型的预测效果, 决定系数数学表达式为:

$$R^2 = 1 - \frac{\sum_{i=1}^{n} (\hat{y}_i - y_i)^2}{\sum_{i=1}^{n} (\bar{y}_i - y_i)} \tag{5-12}$$

式中: y_i 为原始时间序列数据; $\hat{y}_i$ 为各模型的预测结果; $\bar{y}$ 为原始时间序列数据平均值; n 为原始时间序列数据数量。RMSE 与 MAE 能较好地反映预测结果的精确度, 而 R^2 能更好地反映预测模型的质量, R^2 的取值范围为 $[0, 1]$, R^2 的取值越接近 1, 表示预测模型越好。组合预测模型 R^2 结果如图 5-10 所示。

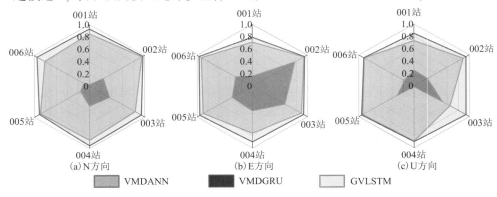

图 5-10　组合预测模型 R^2 结果

图 5-10 中六边形面积越大, 表示 R^2 值越大, 预测模型效果越好。以

001 站为例，在 N 方向 GWO-VMD-LSTM 预测模型 R^2 最大值为 0.93，VMDGRU 预测模型 R^2 最大值为 0.03，VMDANN 预测模型 R^2 最大值为 0.85；E 方向 GWO-VMD-LSTM、VMDGRU、VMDANN 预测模型 R^2 最大值分别为 0.79、0.16、0.71，U 方向 GWO-VMD-LSTM、VMDGRU、VMDANN 预测模型 R^2 最大值分别为 0.85、0.25、0.73。其他站点不同方向 GWO-VMD-LSTM 预测模型 R^2 值为 0.90~0.97，VMDGRU 预测模型 R^2 值为 0.1~0.77，VMDANN 预测模型 R^2 值为 0.65~0.89，说明了 GWO-VMD-LSTM 模型的预测效果最好，VMDANN 模型次之，VMDGRU 模型预测效果最差。综上所述，GWO-VMD-LSTM 模型预测 R^2 值区域曲线与原序列拟合效果更好，原序列经分解—重构后 GWO-VMD-LSTM 模型预测的结果精度更高，证明了 GWO-VMD-LSTM 模型预测的有效性。

2. GWO-VMD-LSTM 模型对比质量分析

VMD 中的关键参数 K 与惩罚因子 α 的值在实际应用中常根据经验判定，如每个 IMF 的 RMSE 值，K 与 α 值选取不当可能会造成信号多度分解或低分解。对比没有进行优化参数选取的 VMDLSTM 模型，本书提出的 GWO-VMD-LSTM 新的智能化深度学习方法模型，通过 GWO 优化了 VMD 的参数值，能更加准确地获得最优参数组合 $[K, \alpha]$。以 001 站为例，GWO-VMD-LSTM 与 VMDLSTM 的预测结果如图 5-11 所示。

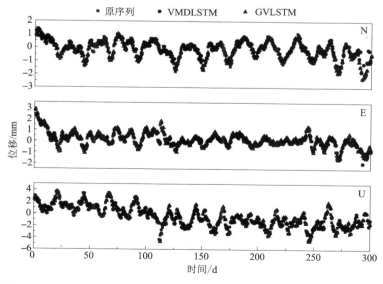

图 5-11　001 站 GWO-VMD-LSTM 与 VMDLSTM 模型的预测结果曲线

从图 5-11 可明显看出，VMDLSTM 在 N 方向与 U 方向整体向上偏移，在 E 方向上有向下偏移的趋势，而 GWO-VMD-LSTM 模型相对原序列，拟合效果更好。将 VMDLSTM 与 GWO-VMD-LSTM 模型预测结果通过 RMSE 与 MAE 进行评价，经实验证明两种模型经 LSTM 训练后 R^2 的差异较小，其值为 0.95～0.97。不同方向各站点 GWO-VMD-LSTM 与 VMDLSTM 预测结果评价如图 5-12 所示，不同方向 GWO-VMD-LSTM 相对于 VMDLSTM 的精度指标评价提升度见表 5-3。

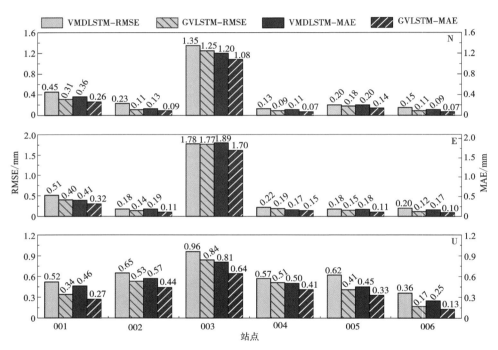

图 5-12　不同方向各站点 GWO-VMD-LSTM 与 VMDLSTM 预测结果评价

表 5-3　不同方向 GWO-VMD-LSTM 相对于 VMDLST 的精度指标评价提升度

单位：%

站点	RMSE			MAE		
	N 方向	E 方向	U 方向	N 方向	E 方向	U 方向
001	31.11	21.57	34.62	27.78	21.95	41.30
002	52.17	22.22	18.46	30.77	42.11	22.81

续表5-3

站点	RMSE			MAE		
	N 方向	E 方向	U 方向	N 方向	E 方向	U 方向
003	7.41	0.56	12.50	10.00	10.05	20.99
004	30.77	13.64	10.53	36.36	11.76	18.00
005	10.00	16.67	33.87	30.00	38.89	26.67
006	40.00	40.00	52.78	36.36	41.18	48.00

综合图 5-12 与表 5-3，GWO-VMD-LSTM 比 VMDLSTM 模型预测各站点的 RMSE 与 MAE 精度明显提升。N 方向 RMSE 精度的最大提升度为 52.17%，最小提升度为 7.41%，MAE 精度最大提升度为 36.36%，最小提升度为 10.00%；E 方向 RMSE 精度最大提升度为 40.00%，最小提升度为 0.56%，MAE 精度最大提升度为 42.11%，最小提升度为 10.05%；U 方向 RMSE 精度最大提升度为 52.78%，最小提升度为 10.53%，MAE 精度最大提升度为 48.00%，最小提升度为 18.00%。综上 GWO-VMD-LSTM 模型相比 VMDLSTM 模型，不同方向预测结果的 RMSE 与 MAE 精度提升度分别为 0.56% ~ 52.78% 与 10.00% ~ 48.00%，GWO-VMD-LSTM 预测模型的建模与预测结果更为接近实测大坝形变位移的结果，提高了预测的准确率。

参考文献

[1] AGATONOVIC-KUSTRIN S, BERESFORD R. Basic concepts of artificial neural network (ANN) modeling and its application in pharmaceutical research [J]. Journal of pharmaceutical and biomedical analysis, 2000, 22(5): 717-727.

[2] ALTAMIMI Z, COLLILIEUX X, MÉTIVIER L. ITRF2008: an improved solution of the international terrestrial reference frame[J]. Journal of Geodesy, 2011, 85(8): 457-473.

[3] AMIRI-SIMKOOEI A R. On the nature of GPS draconitic year periodic pattern in multivariate position time series[J]. Journal of Geophysical Research: Solid Earth, 2013, 118 (5): 2500-2511.

[4] AMIRI-SIMKOOEI A R, TIBERIUS C C, TEUNISSEN P J. Assessment of noise in GPS coordinate time series: methodology and results[J]. Journal of Geophysical Research: Solid Earth, 2007, 112(B7).

[5] AN X, MENG X, JIANG W. Multi-constellation GNSS precise point positioning with multi-frequency raw observations and dual-frequency observations of ionospheric-free linear combination[J]. Satellite navigation, 2020, 1(1): 1-13.

[6] ARULRAJAH A, BO M W, LEONG M, et al. Piezometer measurements of prefabricated vertical drain improvement of soft soils under land reclamation fill[J]. Engineering Geology, 2013, 162: 33-42.

[7] BARZAGHI R, CAZZANIGA N E, DE GAETANI C I, et al. Estimating and comparing dam deformation using classical and GNSS techniques[J]. Sensors, 2018, 18(3): 756.

[8] BOCK Y, MELGAR D. Physical applications of GPS geodesy: A review[J]. Reports on Progress in Physics, 2016, 79(10): 106801.

[9] Bos, M. (2021). Hector user manual version 2. 0.

[10] BENJAMIN M A, RIGBY R A, STASINOPOULOS D M. Generalized autoregressive moving average models [J]. Journal of the American Statistical association, 2003, 98 (461):

214–223.

［11］ BERRUT J P, TREFETHEN L N. Barycentric lagrange interpolation［J］. SIAM review, 2004, 46(3): 501–517.

［12］ BEVIS M, BROWN A. Trajectory models and reference frames for crustal motion geodesy［J］. Journal of Geodesy, 2014, 88: 283–311.

［13］ BOGUSZ J, KLOS A. On the significance of periodic signals in noise analysis of GPS station coordinates time series［J］. GPS solutions, 2016, 20(4): 655–664.

［14］ BOS M S, FERNANDES R M S, WILLIAMS S D P, et al. Fast Error Analysis of Continuous GNSS Observations with Missing Data［J］. Journal of Geodesy, 2013, 87(4): 351–360.

［15］ BOUSQUET J, KHALTAEV N, CRUZ A A, et al. Allergic rhinitis and its impact on asthma (ARIA) 2008. Allergy, 2008, 63: 8–160.

［16］ CHOUDREY R A. Variational methods for Bayesian independent component analysis (Doctoral dissertation, University of Oxford).

［17］ CROCETTO N, GATTI M, RUSSO P. Simplified formulae for the BIQUE estimation of variance components in disjunctive observation groups［J］. Journal of Geodesy, 2000, 74: 447–457.

［18］ CHANG S Y, WU H C. Tensor Wiener Filter［J］. IEEE Transactions on Signal Processing, 2022.

［19］ DAVAGDORJ K, PHAM V H, THEERA-UMPON N, et al. XGBoost-based framework for smoking-induced noncommunicable disease prediction［J］. International journal of environmental research and public health, 2020, 17(18): 6513.

［20］ DEUTSCHER I. The prophet outcast: Trotsky 1929–1940. Verso, 2003.

［21］ DRAGOMIRETSKIY K, ZOSSO D. Variational mode decomposition［J］. IEEE transactions on signal processing, 2013, 62(3): 531–544.

［22］ DENG L, JIANG W, LI Z, et al. Assessment of second-and third-order ionospheric effects on regional networks: case study in China with longer CMONOC GPS coordinate time series［J］. Journal of Geodesy, 2017, 91(2): 207–227.

［23］ DACH R, SELMKE I, VILLIGER A, et al. Review of recent GNSS modelling improvements based on CODEs Repro3 contribution［J］. Advances in Space Research, 2021, 68(3): 1263–1280.

［24］ DITTMANN T, LIU Y, MORTON Y, et al. Supervised Machine Learning of High Rate GNSS Velocities for Earthquake Strong Motion Signals［J］. Journal of Geophysical Research: Solid Earth, 2022, 127(11): e2022JB024854.

［25］ FERNANDES R M S, BOS M S, MONTILLET J P, et al. December. Study of the 5.5 day period in GNSS time series［J］. In AGU Fall Meeting Abstracts (Vol. 2019, G43B-0756).

［26］ GÓMEZ D D, BEVIS M G, CACCAMISE D J. Maximizing the consistency between regional and global reference frames utilizing inheritance of seasonal displacement parameters[J]. Journal of Geodesy, 2022, 96(2): 1-12.

[27] GOBRON K, REBISCHUNG P, DE VIRON O, et al. Impact of offsets on assessing the low-frequency stochastic properties of geodetic time series[J]. Journal of Geodesy, 2022, 96 (7): 46.

[28] GAO W, LI Z, CHEN Q, et al. Modelling and prediction of GNSS time series using GBDT, LSTM and SVM machine learning approaches[J]. Journal of Geodesy, 2022, 96 (10): 1-17.

[29] GENG J, GUO J, WANG C, et al. Satellite antenna phase center errors: Magnified threat to multi-frequency PPP ambiguity resolution[J]. Journal of Geodesy, 2021, 95(6): 1-18.

[30] GUO S, SHI C, WEI N, et al. Effect of ambiguity resolution on the draconitic errors in sub-daily GPS position estimates[J]. GPS Solutions, 2021, 25(3): 1-13.

[31] GAO W, LI Z, CHEN Q, et al. Modelling and prediction of GNSS time series using GBDT, LSTM and SVM machine learning approaches[J]. Journal of Geodesy, 2022, 96 (10): 71.

[32] GRAVES A, GRAVES A. Long short-term memory[J]. Supervised sequence labelling with recurrent neural networks, 2012, 37-45.

[33] HE X, MONTILLET J P, FERNANDES R, et al. Review of current GPS methodologies for producing accurate time series and their error sources[J]. Journal of Geodynamics, 2017, 106: 12-29.

[34] HESTERBERG T. Bootstrap[J]. Wiley Interdisciplinary Reviews: Computational Statistics, 2011, 3(6): 497-526.

[35] HOSKING J R M. Lagrange-multiplier tests of multivariate time-series models[J]. Journal of the Royal Statistical Society: Series B (Methodological), 1981, 43(2): 219-230.

[36] HOSKING JRM. Fractional differencing[J]. Biometrika, 1981, 68: 165-176.

[37] HU W, GAO J, LI B, et al. Anomaly detection using local kernel density estimation and context-based regression[J]. IEEE Transactions on Knowledge and Data Engineering, 2018, 32(2): 218-233.

[38] HUANG N E, SHEN Z, LONG S R, et al. The empirical mode decomposition and the Hilbert spectrum for nonlinear and non-stationary time series analysis. Proceedings of the Royal Society of London[J]. Series A: mathematical, physical and engineering sciences, 1998, 454(1971): 903-995.

[39] HUANG S, CHANG J, HUANG Q, et al. Monthly streamflow prediction using modified EMD-based support vector machine[J]. Journal of Hydrology, 2014, 511: 764-775.

[40] HE X, MONTILLET J P, FERNANDES R, et al. Review of current GPS methodologies for producing accurate time series and their error sources[J]. Journal of Geodynamics, 2017,

106：12−29.

［41］ HU S, CHEN K, ZHU H, et al. A Comprehensive Analysis of Environmental Loading Effects on Vertical GPS Time Series in Yunnan, Southwest China［J］. Remote Sensing, 2022, 14(12)：2741.

［42］ HE X, MONTILLET J P, LI Z, et al. Recent Advances in Modelling Geodetic Time Series and Applications for Earth Science and Environmental Monitoring［J］. Remote Sensing, 2022, 14(23)：6164.

［43］ HUANG G, YAN X, ZHANG Q, et al. Estimation of antenna phase center offset for BDS IGSO and MEO satellites［J］. GPS Solutions, 2018, 22(2)：1−10.

［44］ JIANG W, LI Z, VAN DAM T, et al. Comparative analysis of different environmental loading methods and their impacts on the GPS height time series［J］. Journal of Geodesy, 2013, 87(7)：687−703.

［45］ JIANG W P, MA Y F, DENG L S, et al. Establishment of mm-Level Terrestrial Reference-Frame and Its Prospect［J］. Journal of Geomatics, 2016, 41(4)：1−6.

［46］ JIANG W, WANG K, LI Z, et al. Prospect and theory of GNSS coordinate time series analysis［J］. Geomatics Inf. Sci. Wuhan Univ. 2018), 43(12)：2112−2123.

［47］ JIANJUN Z H U, QINGHUA X I E, TINGYING Z U O, et al. Complex least squares adjustment to improve tree height inversion problem in PolInSAR［J］. Acta Geodaetica et Cartographica sinica, 2020, 2(1)：1−8.

［48］ JIN S, WANG Q, DARDANELLI G. A review on multi-GNSS for earth observation and emerging applications［J］. Remote Sensing, 2022, 14(16)：3930.

［49］ JIN W, LI Z J, WEI L S, et al. The improvements of BP neural network learning algorithm ［J］. In WCC 2000−ICSP 2000. 2000 5th international conference on signal processing proceedings. 16th world computer congress 2000 (Vol. 3, pp. 1647−1649). IEEE.

［50］ JONATHANS M P. Business models for treating diabetes type 1 in developing markets (Bachelor's thesis, University of Twente), 2019.

［51］ KASDIN N J. Discrete simulation of colored noise and stochastic processes and 1/f/sup α/ power law noise generation［J］. Proc IEEE, 1995, 83：802−827.

［52］ KOCH K R. Parameter estimation and hypothesis testing in linear models［J］. Springer Science & Business Media, 1999.

［53］ KREEMER C, BLEWITT G. Robust estimation of spatially varying common-mode components in GPS time-series［J］. Journal of geodesy, 2021, 95(1)：1−19.

［54］ LIN J T, MELGAR D, THOMAS A M, et al. Early warning for great earthquakes from characterization of crustal deformation patterns with deep learning［J］. Journal of Geophysical Research：Solid Earth, 2021, 126(10)：p. e2021JB022703.

［55］ LI Z, LU T, HE X, et al. An improved cyclic multi model-eXtreme gradient boosting

（CMM-XGBoost）forecasting algorithm on the GNSS vertical time series［J］. Advances in Space Research, 2023, 71(1): 912-935.

［56］ LI C F, YIN J Y. Variational Bayesian independent component analysis-support vector machine for remote sensing classification［J］. Computers & Electrical Engineering, 2013, 39(3): 717-726.

［57］ LI Z, LU T. Prediction of Multistation GNSS Vertical Coordinate Time Series Based on XGBoost Algorithm ［J］. In China Satellite Navigation Conference (CSNC 2022) Proceedings: Volume III (pp. 275-286). Singapore: Springer Nature Singapore.

［58］ LI Z, LU T, HE X, et al. An improved cyclic multi model-eXtreme gradient boosting （CMM-XGBoost）forecasting algorithm on the GNSS vertical time series［J］. Advances in Space Research, 2023, 71(1): 912-935.

［59］ MAJUMDER I, DASH P K, BISOI R. Variational mode decomposition based low rank robust kernel extreme learning machine for solar irradiation forecasting［J］. Energy conversion and management, 2018, 171: 787-806.

［60］ MAO A, HARRISON C G, DIXON T H. Noise in GPS coordinate time series［J］. Journal of Geophysical Research: Solid Earth, 1999, 104(B2): 2797-2816.

［61］ MCKINLEY S, LEVINE M. Cubic spline interpolation［J］. College of the Redwoods, 1998, 45(1): 1049-1060.

［62］ MIAU S, HUNG W H. River flooding forecasting and anomaly detection based on deep learning［J］. Ieee Access, 2020, 8: 198384-198402.

［63］ MISKIN J, MACKAY D J. Ensemble learning for blind image separation and deconvolution［J］. In Advances in independent component analysis (pp. 123-141). London: Springer London.

［64］ MONTILLET J P, BOS M S. Geodetic time series analysis in earth sciences ［J］. Springer, 2019.

［65］ MULIA I E, UEDA N, MIYOSHI T, et al. Machine learning-based tsunami inundation prediction derived from offshore observations［J］. Nature Communications, 2022, 13(1): 1-14.

［66］ NOLL C E. The crustal dynamics data information system: A resource to support scientific analysis using space geodesy ［J］. Advances in Space Research, 2010, 45(12): 1421-1440.

［67］ OKAZAKI T, ITO T, HIRAHARA K, et al. Physics-informed deep learning approach for modeling crustal deformation［J］. Nature Communications, 2022, 13(1): 1-9.

［68］ PAN L, ZHANG Z, YU W, et al. Intersystem Bias in GPS, GLONASS, Galileo, BDS-3, and BDS - 2 Integrated SPP: Characteristics and Performance Enhancement as a Priori Constraints［J］. Remote Sensing, 2021, 13(22): 4650.

［69］ PENG Y, DONG D, CHEN W, et al. Stable regional reference frame for reclaimed land subsidence study in East China［J］. Remote Sensing, 2022, 14(16): 3984.

［70］ PARK S, AVOUAC J P, ZHAN Z, et al. Weak upper-mantle base revealed by postseismic deformation of a deep earthquake［J］. Nature, 2023, 1-6.

［71］ PIPITONE C, MALTESE A, DARDANELLI G, et al. Monitoring water surface and level of a reservoir using different remote sensing approaches and comparison with dam displacements evaluated via GNSS［J］. Remote Sensing, 2018, 10(1): 71.

［72］ RADY E H A, FAWZY H, FATTAH A M A. Time series forecasting using tree based methods［J］. J. Stat. Appl. Probab, 2021, 10(1): 229-244.

［73］ RAY J, GRIFFITHS J, COLLILIEUX X, et al. Subseasonal GNSS positioning errors［J］. Geophysical Research Letters, 2013, 40(22): 5854-5860.

［74］ RIGATTI S J. Random forest［J］. Journal of Insurance Medicine, 2017, 47(1): 31-39.

［75］ RUIZ-MORENO D, WILLIS B L, PAGE A C, et al. Global coral disease prevalence associated with sea temperature anomalies and local factors［J］. Diseases of aquatic organisms, 2012, 100(3): 249-261.

［76］ REBISCHUNG P, VILLIGER A, HERRING T, et al. December. Preliminary results from the third IGS reprocessing campaign［J］. In AGU Fall Meeting Abstracts (Vol. 2019, G11A-03).

［77］ SCAIONI M, MARSELLA M, CROSETTO M, et al. Geodetic and remote-sensing sensors for dam deformation monitoring［J］. Sensors, 2018, 18(11): 3682.

［78］ SCARGLE J D. Studies in astronomical time series analysis. II-Statistical aspects of spectral analysis of unevenly spaced data［J］. The Astrophysical Journal, 1982, 263: 835-853.

［79］ TAYLOR A, BRASSINGTON G B. Sea level forecasts aggregated from established operational systems［J］. Journal of Marine Science and Engineering, 2017, 5(3): 33.

［80］ TANG W, WANG Y, ZOU X, et al. Visualization of GNSS multipath effects and its potential application in IGS data processing［J］. Journal of Geodesy, 2021, 95: 103.

［81］ TEUNISSEN P J, AMIRI-SIMKOOEI A R. Least-squares variance component estimation［J］. Journal of geodesy, 2008, 82: 65-82.

［82］ WANG C C, CHANG H T, CHIEN C H. Hybrid LSTM-ARMA Demand-Forecasting Model Based on Error Compensation for Integrated Circuit Tray Manufacturing［J］. Mathematics, 2022, 10(13): 2158.

［83］ WILLIAMS S D P. The effect of coloured noise on the uncertainties of rates estimated from geodetic time series［J］. Journal of Geodesy, 2003, 76: 483-494.

［84］ WANG H, REN Y, WANG A, et al. Two-Decade GNSS Observation Processing and Analysis with the New IGS Repro3 Criteria: Implications for the Refinement of Velocity Field and Deformation Field in Continental China［J］. Remote Sensing, 2022, 14(15): 3719.

[85] XUE X, FREYMUELLER J T. Machine learning for single-station detection of transient deformation in GPS time series with a case study of Cascadia slow slip [J]. Journal of Geophysical Research: Solid Earth, e2022JB024859.

[86] YU Z C. A universal formula of maximum likelihood estimation of variance-covariance components[J]. Journal of Geodesy, 1996, 70: 233-240.

[87] ZANG H, LIU L, SUN L, et al. Short-term global horizontal irradiance forecasting based on a hybrid CNN-LSTM model with spatiotemporal correlations[J]. Renewable Energy, 2020, 160: 26-41.

[88] ZHAO R, WANG G, YU X, et al. Rapid land subsidence in Tianjin, China derived from continuous GPS observations (2010—2019)[J]. Proceedings of the International Association of Hydrological Sciences, 2020, 382: 241-247.

[89] ZHOU Y, LOU Y, ZHANG W, et al. An improved tropospheric mapping function modeling method for space geodetic techniques[J]. Journal of Geodesy, 2021, 95(9): 1-14.

[90] 布艾杰尔·库尔班, 阿布都艾尼·阿布都克热木, 阿卜杜塔伊尔·亚森, 等.利用GPS技术监测大坝表面变形[J].地震地磁观测与研究, 2017, 38(4): 165-171.

[91] 陈俊勇.大地坐标框架理论和实践的进展[J].大地测量与地球动力学, 2007(1): 1-6.

[92] 陈明, 武军郦.国家GNSS连续运行基准站系统设计与建设[J].测绘通报, 2016, 477(12): 7-9, 38.

[93] 陈正旭, 王俊骄, 洪月英.一种基于"莱因达"准则的区域自动站实时资料应用方法[J].江汉大学学报(自然科学版), 2012, 40(3): 33-37.

[94] 陈智梁, 张选阳, 沈凤, 等.中国西南地区地壳运动的GPS监测[J].科学通报, 1999(8): 851-854.

[95] 陈竹安, 熊鑫, 游宇垠.变分模态分解与长短时神经网络的大坝变形预测[J].测绘科学, 2021, 46(9): 34-42.

[96] 程佳, 徐锡伟, 甘卫军, 等.青藏高原东南缘地震活动与地壳运动所反映的块体特征及其动力来源[J].地球物理学报, 2012, 55(4): 1198-1212.

[97] 党亚民, 杨强, 梁诗明, 等.川滇区域活动块体运动与应变特征地震影响分析[J].测绘学报, 2018, 47(5): 559-566.

[98] 党亚民, 杨强, 王伟, 等.基于块体模型的青藏高原及邻区地壳三维构造形变分析[J].测绘学报, 2022, 51(7): 1192-1205.

[99] 邓起东, 张培震, 冉勇康, 等.中国活动构造基本特征[J].中国科学(D辑: 地球科学) 2002(12): 1020-1030, 1057.

[100] 高原, 石玉涛, 王琼.青藏高原东南缘地震各向异性及其深部构造意义[J].地球物理学报, 2020, 63(3): 802-816.

[101]郭保.GPS 技术在水库大坝变形监测中的应用[J].测绘与空间地理信息,2020,43
    (12):103-106.

[102]郭南男,赵静旸.一种改进的 GPS 区域叠加滤波算法[J].武汉大学学报(信息科学
    版),2019,44(8):1220-1225.

[103]郭晓虎,魏东平,张克亮.GPS 约束下川滇地区主要断裂现今活动速率的估算方法
    [J].中国科学院研究生院学报,2013,30(1):74-82.

[104]贺小星,花向红,鲁铁定,等.时间跨度对 GPS 坐标时间序列噪声模型及速度估计影
    响分析[J].国防科技大学学报,2017(6):12-18.

[105]何秀凤,王杰,王笑蕾,等.利用多模多频 GNSS-IR 信号反演沿海台风风暴潮[J].测
    绘学报,2020,49(9):1168-1178.

[106]贺小星,姜卫平,周晓慧,等.GPS 坐标时间序列广义共模误差分离方法[J].测绘科
    学,2018,43(10):7-15.

[107]贺小星.GPS 测站时间序列分析及其地壳形变应用[D].南昌:东华理工大学,2013.

[108]洪敏,张勇,邵德盛,等.云南地区近期地壳活动特征[J].地震研究,2014,37(3):
    367-372.

[109]胡顺强,王坦,管雅慧,等.区域地壳水平运动模型的 Euler-GABP 神经网络构建[J].测
    绘科学,2021,46(2):25-33.

[110]黄立人.符养.GPS 连续观测站的噪声分析[J].地震学报,2007(2):197-202.

[111]黄立人.GPS 基准站坐标分量时间序列的噪声特性分析[J].大地测量与地球动力学,
    2006(2):31-33,38.

[112]黄焱,田林亚,白云,等.GNSS 坐标时间序列噪声特征分析[J].全球定位系统,2014,
    39(4):16-20,25.

[113]姜卫平,李昭,刘鸿飞,等.中国区域 IGS 基准站坐标时间序列非线性变化的成因分
    析[J].地球物理学报,2013,56(7):2228-2237.

[114]姜卫平,梁娱涵,余再康,等.卫星定位技术在水利工程变形监测中的应用进展与思
    考[J].武汉大学学报(信息科学版),2022,47(10):1625-1634.

[115]姜卫平,王锴华,李昭,等.GNSS 坐标时间序列分析理论与方法及展望[J].武汉大学
    学报(信息科学版),2018,43(12):2112-2123.

[116]姜卫平,周晓慧.澳大利亚 GPS 坐标时间序列跨度对噪声模型建立的影响分析[J].中
    国科学:地球科学,2014(11):2461-2478.

[117]姜卫平.GNSS 基准站网数据处理方法与应用[M].武汉:武汉大学出版社,2017.

[118]姜卫平,李昭,魏娜,等.大地测量坐标框架建立的进展与思考[J].测绘学报,2022,
    51(7):1259-1270.

[119]金双根,汪奇生,史奇奇.单频到五频多系统 GNSS 精密单点定位参数估计与应用[J].
    测绘学报,2022,51(7):1239-1248.

[120]巨袁臻,许强,金时超,等.使用深度学习方法实现黄土滑坡自动识别[J].武汉大学

学报(信息科学版)，2020，45(11)：1747-1755.

[121] 蒋志浩，张鹏，秘金钟，等.基于CGCS2000的中国地壳水平运动速度场模型研究[J].测绘学报，2009，38(6)：471-476.

[122] 金双根，张勤耘，钱晓东.全球导航卫星系统反射测量(GNSS+R)最新进展与应用前景[J].测绘学报，2017，46(10)：1389-1398.

[123] 李博峰，沈云中，楼立志.基于等效残差的方差-协方差分量估计[J].测绘学报，2010，39(4)：349-354，363.

[124] 李博峰，沈云中.基于等效残差积探测粗差的方差-协方差分量估计[J].测绘学报，2011，40(1)：10-14，32.

[125] 李广云.统一方差分量估计公式[J].解放军测绘学院学报，1993(3)：20-24.

[126] 刘青豪，张永红，邓敏，等.大范围地表沉降时间序列深度学习预测法[J].测绘学报，2021，50(3)：396-404.

[127] 李强，游新兆，杨少敏，等.中国大陆构造变形高精度大密度GPS监测——现今速度场[J].中国科学：地球科学，2012，42(5)：629-632.

[128] 李胜，齐嘉义，胡海永，等.露天矿边坡自动化监测关键技术研究[J].煤田地质与勘探，2016，44(6)：124-128+135.

[129] 李威，鲁铁定，贺小星，等.Prophet模型在GNSS坐标时间序列中的插值分析[J].大地测量与地球动力学，2021，41(4)：362-367，377.

[130] 李威，鲁铁定，贺小星，等.基于Prophet-RF模型的GNSS高程坐标时间序列预测分析[J].大地测量与地球动力学，2021，41(2)：116-121

[131] 李延兴，杨国华，李智，等.中国大陆活动地块的运动与应变状态[J].中国科学(D辑：地球科学)，2003(S1)：65-81.

[132] 李延兴，张静华，何建坤，等.由空间大地测量得到的太平洋板块现今构造运动与板内形变应变场[J].地球物理学报，2007(2)：437-447.

[133] 李玉江，陈连旺，李红.云南地区构造应力应变场年变化特征的数值模拟[J].大地测量与地球动力学，2009，29(2)：13-18.

[134] 李昭，姜卫平，刘鸿飞，等.中国区域IGS基准站坐标时间序列噪声模型建立与分析[J].测绘学报，2012，41(4)：496-503.

[135] 李振宇.GPS坐标时间序列中信号与噪声分析[D].西安：长安大学，2017.

[136] 刘经南，许才军，陶本藻，等.青藏高原中东部地壳运动的GPS测量分析[J].地球物理学报，1998(41)：518-524.

[137] 刘思敏，徐景田，鞠博晓.基于EMD和RBF神经网络的大坝形变预测[J].测绘通报，2019(8)：88-91.

[138] 刘晓霞，邵志刚.丽江—小金河断裂带现今断层运动特征[J].地球物理学报，2020，63(3)：1117-1126.

[139] 刘志平，张书毕.方差-协方差分量估计的概括平差因子法[J].武汉大学学报(信息科

学版），2013，38（8）：925-929.

［140］刘志平，朱丹彤，余航，等.等价条件平差模型的方差-协方差分量最小二乘估计方法［J］.测绘学报，2019，48（9）：1088-1095.

［141］刘志平.等价条件闭合差的方差-协方差分量估计解析法［J］.测绘学报，2013，42（5）：648-653.

［142］马俊，姜卫平，邓连生，等.GPS坐标时间序列噪声估计及相关性分析［J］.武汉大学学报（信息科学版），2018，43（10）：1451-1457.

［143］马下平，余科根，贺小星，等.一种双星故障条件下RAIM可用性评估的改进方法［J］.大地测量与地球动力学，2022，42（9）：931-937.

［144］明锋，杨元喜，曾安敏，等.中国区域IGS站高程时间序列季节性信号及长期趋势分析［J］.中国科学：地球科学，2016，46（6）：834-844，1-3.

［145］縻晓龙，袁运斌，张宝成.多频多模GNSS接收机差分相位偏差的短期时变特性［J］.测绘学报，2021，50（10）：1290-1297.

［146］聂建亮，郭春喜，曾安敏，等.Elman神经网络在区域速度场建模中的应用［J］.大地测量与地球动力学，2017，37（10）：1015-1019.

［147］牛广利，李端有，李天昫，等.基于云平台的大坝安全监测数据管理及分析系统研发与应用［J］.长江科学院院报，2019，36（6）：161-165.

［148］牛之俊，马宗晋，陈鑫连，等.中国地壳运动观测网络［J］.大地测量与地球动力学，2002，22（3）：88-93.

［149］石耀霖，朱守彪.用GPS位移资料计算应变方法的讨论［J］.大地测量与地球动力学，2006（1）：1-8.

［150］田云锋，沈正康，李鹏.连续GPS观测中的相关噪声分析［J］.地震学报，2010，32（6）：696-704.

［151］田云锋，沈正康.GPS坐标时间序列中非构造噪声的剔除方法研究进展［J］.地震学报，2009，31（1）：68-81+117.

［152］王方超，吕志平，吕浩，等.基于RegEM算法的GPS坐标时间序列插值应用分析［J］.大地测量与地球动力学，2020，40（1）：45-50.

［153］王敏，沈正康，董大南.非构造形变对GPS连续站位置时间序列的影响和修正［J］.地球物理学报，2005（5）：1045-1052.

［154］王琪，游新兆，王启梁.用全球定位系统（GPS）监测青藏高原地壳形变［J］.地震地质，1996（2）：97-103.

［155］王新洲，范千，许承权，等.基于小波变换和支持向量机的大坝变形预测［J］.武汉大学学报（信息科学版），2008，33（5）：469-471，507.

［156］王岩，洪敏，邵德胜，等.基于GPS资料研究云南地区地壳形变动态特征［J］.地震研究，2018，41（3）：368-374.

［157］王振荣，张燕，周贞莲.安宁河断裂带显微构造及动力学的研究［J］.1992，19（4）：

48-54.

[158] 魏文薪. 川滇块体东边界主要断裂带运动特性及动力学机制研究[D]. 北京：中国地震局地质研究所，2012.

[159] 武艳强，黄立人. 时间序列处理的新插值方法[J]. 大地测量与地球动力学，2004，(4)：43-47.

[160] 向宏发，徐锡伟，虢顺民，等. 丽江-小金河断裂第四纪以来的左旋逆推运动及其构造地质意义-陆内活动地块横向构造的屏蔽作用[J]. 地震地质，2002(2)：188-198.

[161] 谢树明，潘鹏飞，周晓慧. 大空间尺度 GPS 网共模误差提取方法研究[J]. 武汉大学学报（信息科学版），2014，39(10)：1168-1173.

[162] 徐锡伟，张培震，闻学泽，等. 川西及其邻近地区活动构造基本特征与强震复发模型[J]. 地震地质，2005，27(3)：446-461.

[163] 许才军，温扬茂. 活动地块运动和应变模型辨识[J]. 大地测量与地球动力学，2003(3)：50-55.

[164] 许才军，张朝玉. 地壳形变测量与数据处理[M]. 武汉：武汉大学出版社，2009.

[165] 姚宜斌，杨元喜，孙和平，等. 大地测量学科发展现状与趋势[J]. 测绘学报，2020，49(10)：1243-1251.

[166] 张勤，黄观文，杨成生. 地质灾害监测预警中的精密空间对地观测技术[J]. 测绘学报，2017，46(10)：1300-1307.

[167] 郑旭东，陈天伟，王雷，等. 基于 EEMD-PCA-ARIMA 模型的大坝变形预测[J]. 长江科学院院报，2020，37(3)：57-63.

[168] 周茂盛，郭金运，沈毅，等. 基于多通道奇异谱分析的 GNSS 坐标时间序列共模误差的提取[J]. 地球物理学报，2018，61(11)：4383-4395.

[169] 朱文耀，程宗颐，姜国俊. 利用 GPS 技术监测中国大陆地壳运动的初步结果[J]. 天文学进展，1997(4)：373-376.